U0058768

漫畫科普系列

超科少年 SSJ 4

Super Science Jr.

目錄

推薦文

營養均衡的科學素養漫畫餐

文／吳俊輝（台灣大學副國際長、物理系暨天文物理所教授）

這是一部很有意思的創意套書，但很遺憾的在我那個年代並不存在。

我小時候看過不少漫畫書、故事書和勵志書，那是在閱讀課本之餘的一種舒放與解脫，然而這部套書則是一個綜合體，巧妙的將生硬的課本內容與漫畫書、故事書、及勵志書等融合在一起，讓讀者像是被煮青蛙一般，不知不覺的被科學洗腦，被深深的植入科學素養及人生毅力的種子。

這部套書聚焦在六位劃時代的科學家身上，他們巧妙的串起了人類科學史上的黃金三百年，當年的成果早已深深的潛移入我們當今仍在使用的許多科學原理中，而這些突破絕非偶然。

針對每位科學家，這部書都先從引人入勝的漫畫形式切入，若從專業的角度來看，科學界的前輩們或許會覺得漫畫中的許多情節恐怕難脫冗餘之名，但是若去除掉這些潤滑劑，它就會像是沒有開胃菜、配菜、佐料、甜點及水果的牛排餐，只有單單一塊沒有調味的牛排，想直接塞入學童們的口中，而我們的教科書經常就像是這樣，以為這才是最有效率的營養提供方式。台灣的許多科學教科書，甚至更像是營養膠囊，沒有飲食的樂趣，難怪大多數人都會覺得自然學科很生澀，在離開學校後很怕再接觸到它。一般的科普書也大多像是單點的餐食，而這部書則是一套全餐，不但吃起來有情調，那些看似點綴用的配菜，其實更暗藏有均衡營養及幫助消化的功能。

這部書除了漫畫的形式之外，還搭配有「閃問記者會」、「讚讚劇場」及「祕辛報報」等單元。「閃問記者會」是利用模擬記者會的方式，重現巨擘們的風采，一一釐清各式不限於科學範疇的有趣問題。「讚讚劇場」則是由巨擘們所主演的劇集，真人真事，重現了當年的時代背景，成功絕非偶然。「祕辛報報」則像是武林擂台兼練功房，從旁觀的角度來檢視巨擘們所主張之各種學說的歷史及科學地位，有攻有防，還提供了武林盟主們的武功祕笈，讓讀者們能在短時間內學上一招半式，以便於日後開創自己的成功人生。

科學其實和文學一樣，學說的演進和突破都有其推波助瀾的時代背景，但學校中的課本或一般的科普書則大多只告訴我們英雄們總共成功的攻頂過哪幾座艱困的山，以及這些山群們有多神奇，卻顯少著墨在英雄們爬山前的準備、曾經失敗的登山經驗、以及行山過程中的成敗軼事。少了這些東西，我們永遠學不好爬一座山，而這些東西其實就是科學素養的化身，只懂科學知識而沒有素養，我們充其量只不過是一隻訓練有素的狗，玩不出新把戲也無法克服新的挑戰，這是我們在二十一世紀知識爆炸的年代中所要面臨的嚴峻挑戰。這部書在漫畫中、在記者會中、在劇場中、在祕辛室中，都再再提點並闡釋了這個素養精神，清楚的交待了每一個成功事跡背後的脈絡，以及事前所付出的無數失敗代價，這對習慣吃速食的現代文明人而言，像是一頓營養均衡的滿漢大餐，雖說不是每個人的任務都是要去攻頂奇山，但無可諱言的，我們都生活在同一個山林中，就算不攻頂也仍須在人生中劈山荆、斬山棘！就讓我們一起填飽肚子上路吧！

角色介紹

GALILEO

仁傑

國一男生，為了完成暑假作業而參與老師的時光體驗計劃，被老師稱為超科少年。但神經大條，經常惹出麻煩，有時卻因為他惹的麻煩而誤打誤撞完成作業題目。

伽利略

義大利天文學家。他改良望遠鏡，看見月球凹凸的表面、太陽黑子、木星衛星等等，打破過去人們對宇宙的想像，卻惹惱了羅馬教廷，差點送了小命，但他那些偉大的發現，成就後世的許多科學家，也啟發了牛頓的運動定律。

老師

非常熱中科學實驗，為了讓自己做的時光體驗機更完美，以暑假作業為由引誘仁傑與亞琦試用，卻意外引發他們的學習興趣。

亞琦

國一女生，受到仁傑的拖累而一起參與老師的時光體驗計劃，莫名其妙成為超科少年的一員。個性容易緊張，但學科知識非常豐富，常常需要幫仁傑捅的簍子收拾殘局。

小颯

超科少年的一員（咦？）。會講話的飛鼠，是老師自稱新發現的飛鼠品種，當作寵物豢養。偶爾會拿出一些老師做的道具，在關鍵時刻替其他人解圍。

伽利略篇
第一課：伽利略與鐘擺

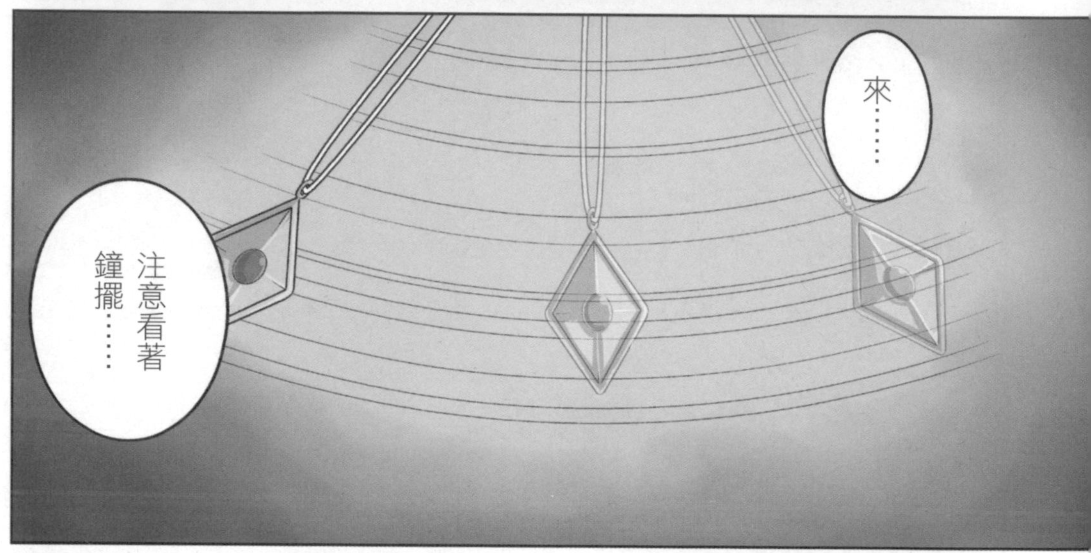
來……
注意看著
鐘擺……

看著……
看著……
集中精神……
是……
接下來你會
照我的命令
去做事……

我命令你……
潛入教師辦公室，把明天小考的考卷偷出來！

真是的，明明是暑假……
要上暑期輔導就算了，竟然還要考試？
我才不想浪費時間念書呢！
數學6
國文6

搖搖 晃晃
把考卷……偷出來……
遵命……

沒錯！沒錯！
去吧！我美好的暑假時光都靠你啦！小颯！

噗喔!!
砰!!

好懷念的拳頭……
真是朽木不可雕也啊……

竟然想要偷考卷啊？
不好好教訓你一頓，我身為老師的尊嚴要往哪擺？

啊……不！不是的……
畢竟我們是超科少年……
我是在做鐘擺實驗……

你知道鐘擺實驗是哪個科學家……
……算了！
你怎麼可能知道！送你回到過去直接找那個科學家吧！
亞琦和小颯也一起去吧！
等……等等……我知道啦！
是愛因斯坦對吧？
答錯!!
你不是超科少年嗎？去給我找出答案!!
咻咻咻

一五八一年
比薩大學

嘿咻！
完美著地！
啪！

……被老師丟了這麼多次……
我已經可以練到完美著地啦！
嘿嘿嘿……
這有什麼值得驕傲的？

得趕快看一下這次的作業內容。
嗯……

好悅耳的音樂啊……

噢噢噢！原來是路邊賣藝的嗎？
真好聽啊！賞你一些硬幣吧！

別欺人太甚!!
……咦？

啪！
我可是比薩大學的學生伽利略！
才不是路邊搖尾乞憐的流浪漢啊！
我才不屑這種施捨的硬幣呢！

可是你還是把錢收下了啊……

伽利略……
原來這次要觀察的科學家是伽利略啊！

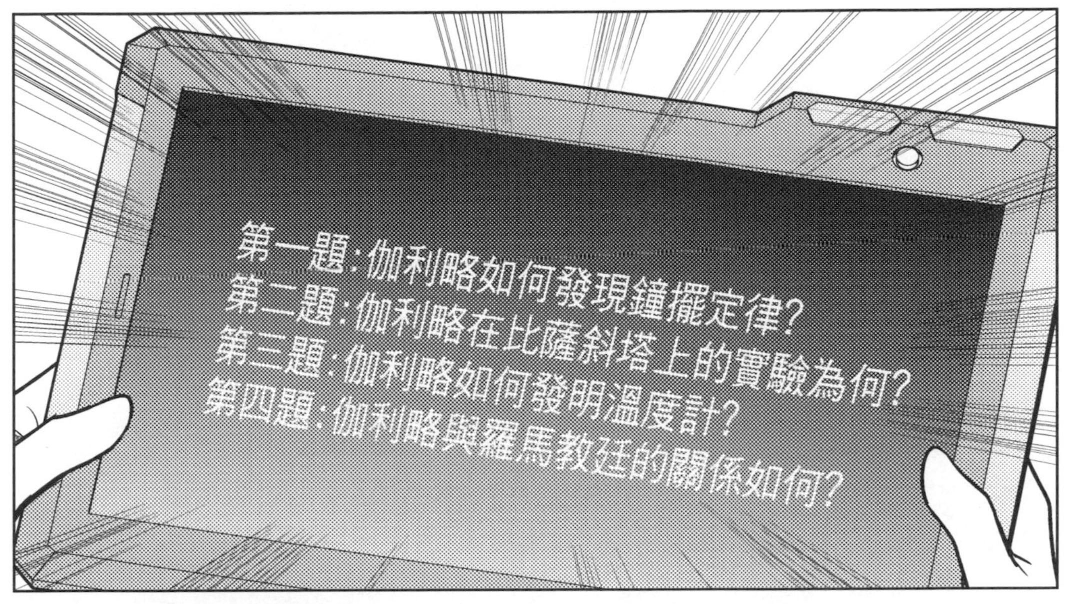
第一題：伽利略如何發現鐘擺定律？
第二題：伽利略在比薩斜塔上的實驗為何？
第三題：伽利略如何發明溫度計？
第四題：伽利略與羅馬教廷的關係如何？

伽利略？
他是……

笨蛋！他不但是有名的物理學家、數學家，甚至在天文學和哲學上都有很大的貢獻呢！

哈哈哈！聽不懂啦！
總之很偉大就是了吧？

話說……
你們兩個是哪來的呢？
衣服好奇特，從沒看過呢！

呃……我是亞琦，
這個笨蛋是仁傑，
我們是跟著經商的父母從國外來的……

原來是外國的服飾啊，挺不錯看的……
不像我們要穿的托加袍……醜死了……

真的耶～
大男人還穿緊身褲，好噁心喔～
怒！！
混帳！這可是時尚和華麗的象徵啊！

唔啊……嘴巴上嫌個半死，心裡卻非常在意……是個口是心非的傲嬌啊……

總之，畢竟遠來是客……
就讓我這個醫學院的伽利略帶你們參觀校園吧！

咦咦咦咦……又是看不懂的數學公式啊～
伽利略你不是醫學院的嗎？怎麼帶我們來旁聽數學課啊？

噓！安靜點！你這無知的外國鄉巴佬！
這可是宮廷數學家里奇老師的課啊！字字珠璣一秒都不能漏聽的！
沙沙……
等我上完這堂課再帶你們參觀校園啦！

唔……動不動就罵人……伽利略這人實在是……
嗯嗯……根據史實記載，雖然他是學醫的，但似乎對數學和天文學比較有興趣呢！
看來真的是如此啊！

好啦！上完令人元氣飽滿的數學課，就讓我帶你們去參觀校園囉！
心懷感激吧！鄉巴佬們！

比薩大學創建於
一三四三年
九月三日，
但其歷史可以
追溯到十一世紀，
可說是非常有文化
深度的學校……

好無聊啊～
伽利略滔滔不絕地
在介紹學校歷史……
……
……

真無趣……
這裡有什麼
好玩的咧？
嗯……

吊燈上
有鴿子！

去嚇嚇牠吧！
小颯！
哇啊!!

噗!!
咚
!
哇啊啊啊……

唔……
比薩大學的鴿子也太強了吧……
噠！

而且還跟伽利略一樣瞧不起人!?

嗯？你們在幹嘛？
這裡的鴿子可是很兇悍的，別惹他們啊，笨蛋！

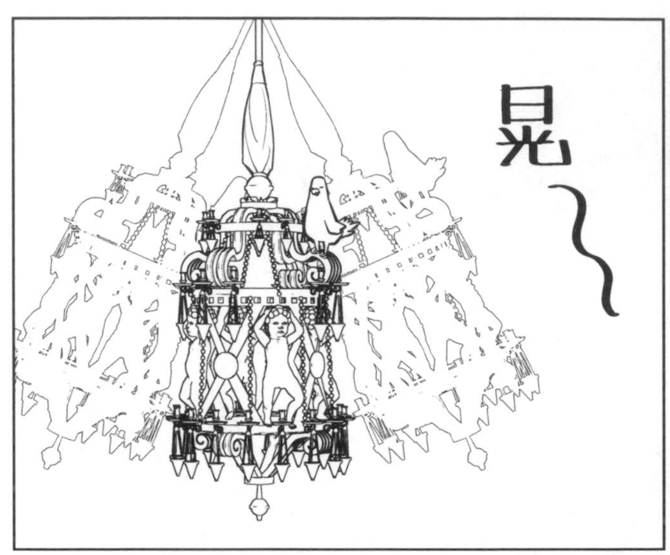
晃

嗯……

因為鴿子激烈的動作讓吊燈晃動……
可是……

嗯……？伽利略你在發什麼呆啊？
噓！不要干擾他！

他似乎想到了什麼事啊！

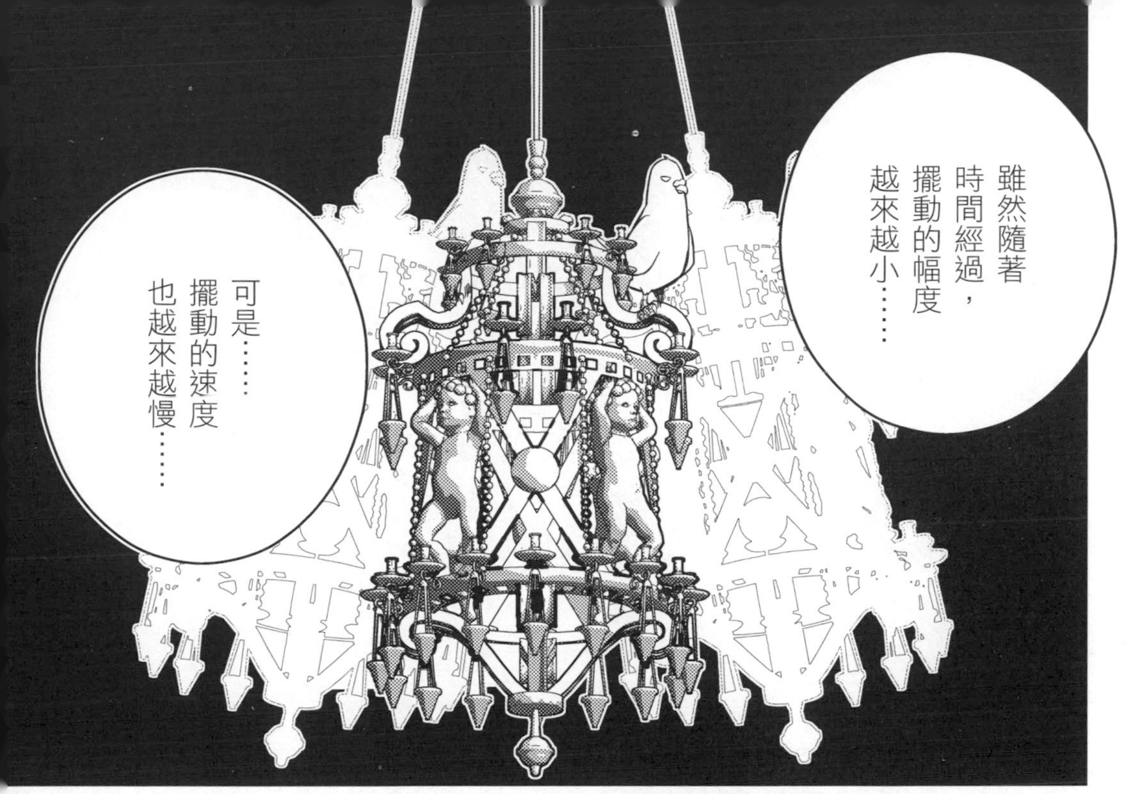
雖然隨著
時間經過，
擺動的幅度
越來越小……
可是……
擺動的速度
也越來越慢……

有沒有什麼……
可以測量時間的
工具？

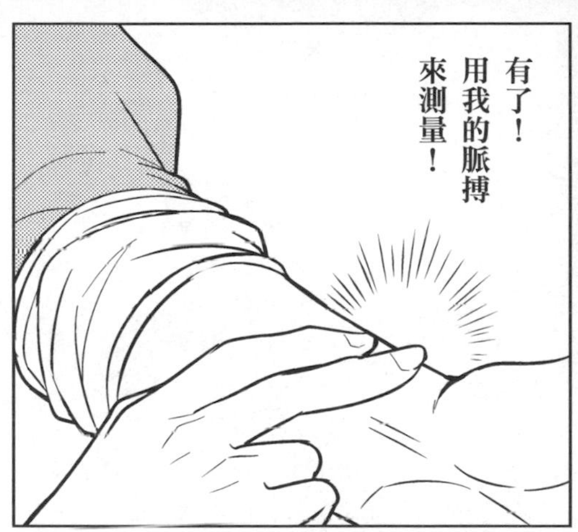
有了！
用我的脈搏
來測量！

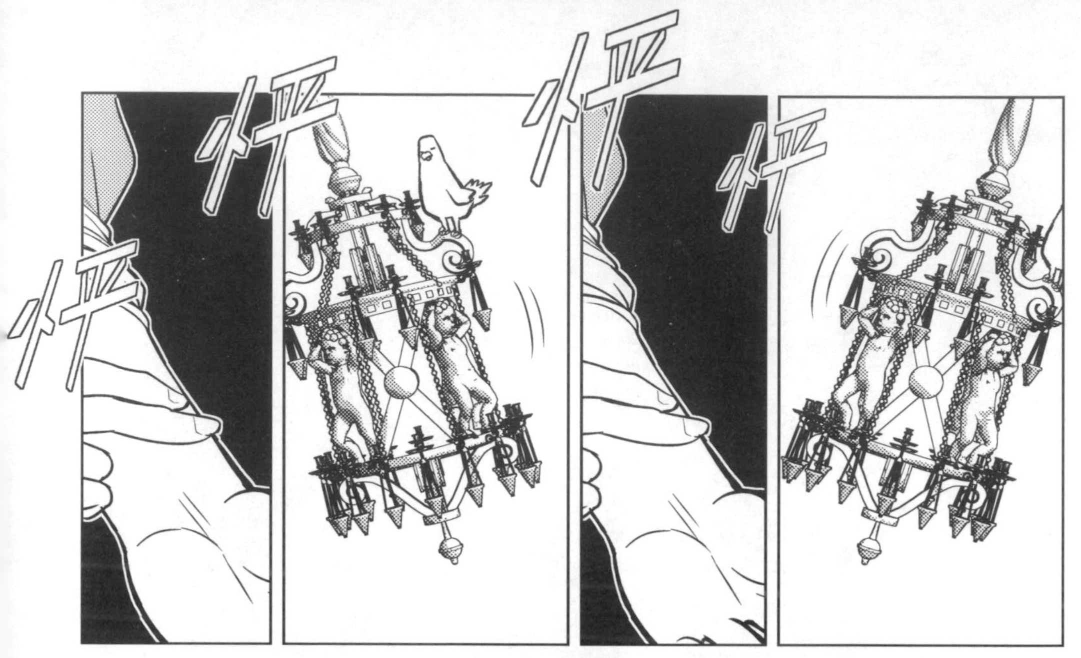

(sound effects, not read)

……！
竟然……
不管鐘擺擺動的幅度如何……
擺動一次的週期都一樣!!
這代表……時間並不會影響擺動的週期嗎？

那麼影響擺動週期的會是質量……或是鐘擺的長度？
……有趣！

值得好好研究一番啊!!
噢噢噢！
伽利略覺醒了？

第一題:伽利略如何發現鐘擺定律?
第二題:伽利略在比薩斜塔上的實驗為何?
第三題:伽利略天文學之路如何開啟?
第四題:伽利略與羅馬教廷的關係如何?

第一題也解開了!!
沒想到竟然誤打誤撞的完成了啊！

既然解開了就快點回去吧！
那鴿子太恐怖了啊～

多謝你們啊！
仁傑！亞琦！
雖然是靠我
一個人的力量
發現的，
和你們毫無關係！
不過我還是
勉為其難的
感謝你……

們……
消失
跑掉了？
真是沒禮貌的
鄉巴佬啊！

教職員室
嗯……催眠術嗎？
雖然是不科學的東西，不過也有可能只是以目前的科學尚無解法而已！

……去找校長試試吧！
校長啊校長～替我加薪吧～
遵命！
校長

你在打什麼壞主意啊老師？
嚇!!

沒沒沒……
沒什麼!!
你們這麼快
就回來啦？
如何啊？
有理解到鐘擺的
奧祕了嗎？
哈哈哈哈哈……

鐘擺……
嘿嘿嘿嘿…

哇哇
啊啊
啊啊
不要再提鐘擺啦！
啊啊啊啊！
……他們兩個
怎麼了？
……

伽利略篇
第二課：比薩斜塔的重力加速度實驗

不及格～
不及格～
零分～
零分～
零分～
你會零分～
嗚哇哇哇哇!!

……你在幹嘛啊仁傑？
竟然在考試中睡覺？

啊？現在是在考試嗎？

時間到~
收卷囉~
噹——
噹——
等等~我才剛寫名字而已啊~

嘖……暑期輔導也要考試……太過分了啦……
你不是考零分也無所謂嗎？幹嘛這麼在意？

我爸媽看了我的成績……
說如果再考零分就沒有零用錢了……
……

沙……

那就好好把暑假作業完成吧！
這樣這次的小考我就再給你補考的機會！

聽到了沒！仁傑！
走吧！我們回去找伽利略吧！

唔……

……怎麼了？
該不會對鴿子還有陰影吧？
……開玩笑！

這次我不會再輸的！
我可是準備了超強的火力！換我給牠顏色瞧瞧啦！
石頭彈珠
木頭彈珠
玻璃彈珠

出征吧!!
超科少年!
一五九〇年
比薩大學

ALLA GIORNATA
出來吧！鴿子！
咱們來一決勝負吧！

沙⋯⋯

鴿子⋯⋯？
你們該不會是⋯⋯

哇啊！
大叔你是誰啊！

哼！太沒禮貌了吧？

我是伽利略啊！
這麼多年不見，竟然忘了我啊？

啊！原來是伽利略啊？
抱歉抱歉！
你留鬍子一時間沒認出來……
哼！
這也不是我願意的啊！

我現在可是比薩大學的教授了！為了展現教授的尊嚴，我才勉為其難的留這難看的鬍子啊！

嗯！確實挺難看的呢！
哪裡難看了？
這可是知性與時尚的象徵啊！

過了這麼多年……伽利略還是一樣口是心非啊……

總之～
我們大概九年沒見了吧！

來吧！
帶你們瞧瞧我這幾年的研究成果！

Galileo Galilei

這是……？

這是擺線實驗器材！

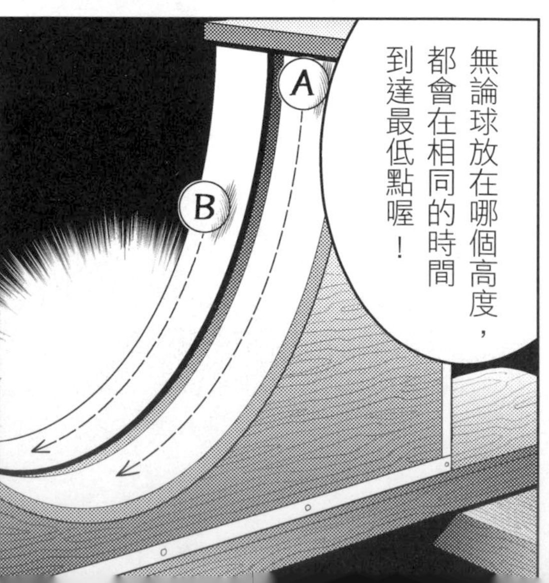
無論球放在哪個高度，都會在相同的時間到達最低點喔！
A
B

噢噢噢！真的耶！
好神奇！
B
A

另外我還做了很多實驗……
對了！你們知道亞里斯多德物理學嗎？
我知道我知道！是很有名的古希臘哲學家兼科學家！
沒錯！
他的許多著作對現在的學術研究影響很大！
可是……
畢竟那是一千八百年前的理論了……其中有許多論點以現今科學角度來看是有問題的！
但麻煩的是，亞里斯多德的學說已經變成天主教義的一部分了，即使提出疑義也會被教廷否認！

嗯嗯……
跟達爾文
一樣呢……
早期的科學發展
很容易就會和宗教
發生衝突呢……

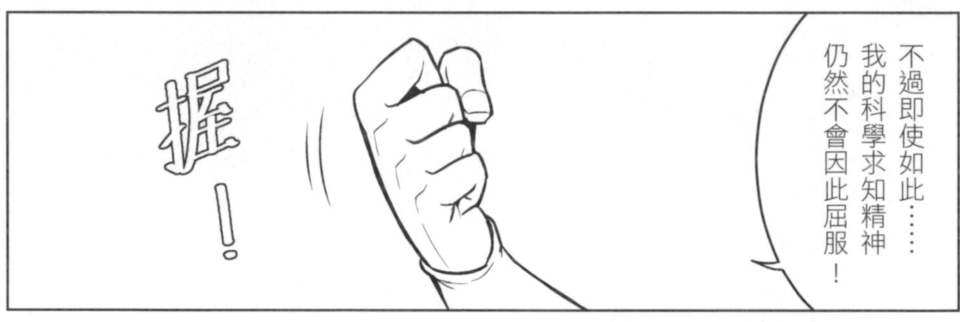
不過即使如此……
我的科學求知精神
仍然不會因此屈服！
握！

我要繼續實驗！
即使忤逆羅馬教廷
也在所不惜！
噢噢噢噢！
真了不起啊！

嗯……？

這是……
上次經過的
吊鐘……
你感受到了嗎？
小颯！

嗯嗯嗯……

喔喔喔喔喔。。。
那傢伙……
就在附近！

沙…
嗚啊!!
好犀利的攻擊啊!
這鴿子寶刀未老呢!

但我也不是省油的燈！
看我的彈珠連擊!!
咻咻咻咻咻咻
……
那傢伙一直都這麼幼稚嗎？
竟然跟鴿子打起來了……
……

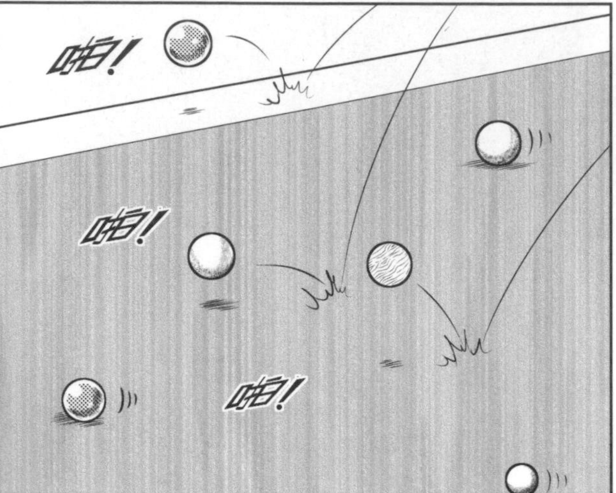
啪！
啪！
啪！

嗯……？

怎麼了嗎？伽利略？

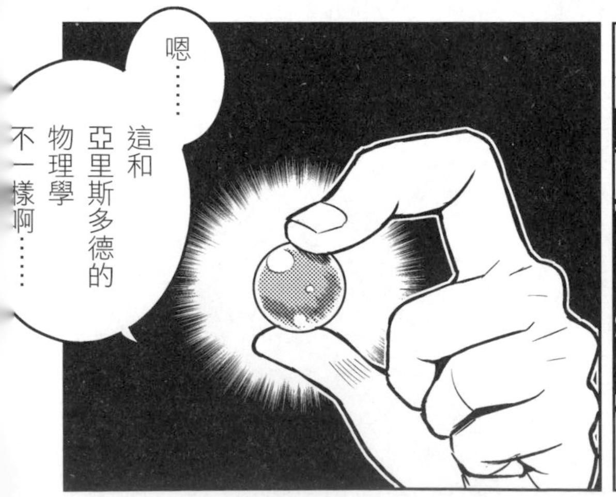
嗯……這和亞里斯多德的物理學不一樣啊……

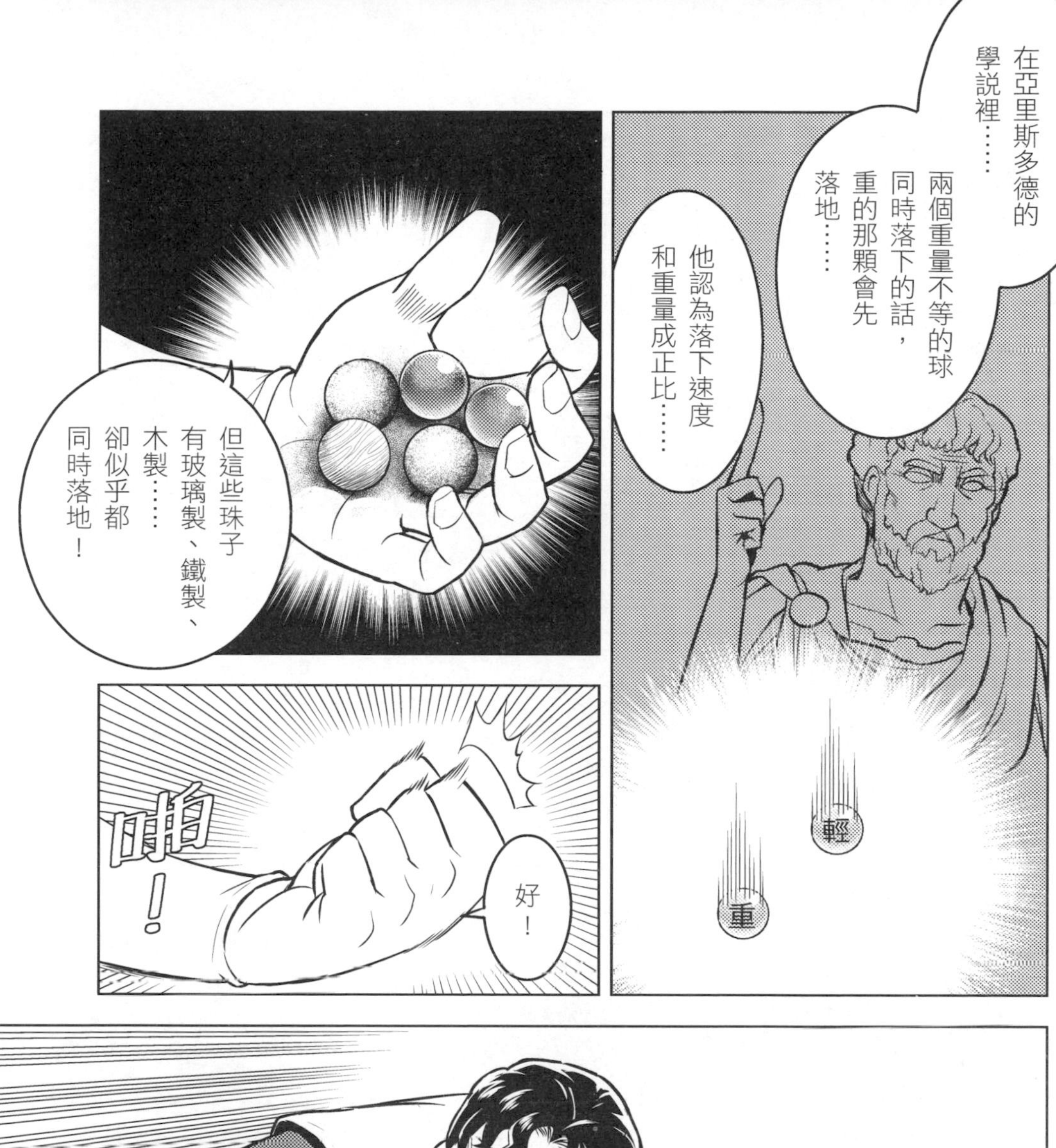
在亞里斯多德的學說裡……
兩個重量不等的球同時落下的話，重的那顆會先落地……
他認為落下速度和重量成正比……
輕
重
但這些珠子有玻璃製、鐵製、木製……卻似乎都同時落地！
啪！
好！

我立刻去做實驗！

啊！伽利略……

仁傑你別玩了啦！快跟上伽利略啊！
這似乎……和下一道題目有關喔！
第二題:伽利略在比薩斜塔上的實驗為何?
第三題:伽利略天文學之路如何開啟?
第四題:伽利略與羅馬教廷的關係如

嗯……那是伽利略教授嗎？
他在比薩斜塔上面做什麼啊？

各位先生女士們……
我們都知道，在亞里斯多德的學說裡，速度和重量成正比！
亦即是，愈重的物體落下速度愈快！

但……這是真的嗎？
今天……

我們就來破解這項流言吧！

右邊這是鐵球！

左邊是木球！

兩者體積和形狀完全一致！重量卻差了五倍以上！
我請兩位助理從比薩斜塔上同時落下，看看誰會先落地！
我們什麼時候變成助理了……
一！
二！
三！

落下！
咻
咚
咚

……怎麼可能！
竟然……同時落地了！
明明重量差這麼多……

難道……亞里斯多德的學說是錯誤的嗎？

看到了吧各位！
重量並不會影響落下速度！

我在此宣布……

轟!!
流言破解成功!!!

登登登!!
第二題完成!
第三題:伽利略天文學之路如何開啟?
第四題:伽利略與羅馬教廷的關係如何?

唰!

噢噢噢!可以回去了!
太棒囉!

如何啊？伽利略的實驗很有趣吧？

對啊……
我也是剛剛才知道原來愈重的東西並不會落下得愈快呢……
喂！那是常識好嗎？

嗯嗯……
不過，伽利略對於科學的求知精神之後為他惹來了不少麻煩喔！

咦？麻煩？為什麼？

呵呵呵……
你們繼續把作業做完就知道囉！

真是的……
那兩個傢伙
又一溜煙的
消失啦？
也不打聲
招呼……

……
那是……
教廷的人
……？

伽利略篇

第三課：望遠鏡與天文學

一六〇九年
威尼斯
聖馬可鐘樓

請收下吧，議員大人！
這是我改良的望遠鏡！

嗯嗯嗯……望遠鏡……？
我瞧瞧……

聽說你和羅馬教廷處得不太愉快，所以才躲到帕度瓦來……
我倒是想瞧瞧你有幾分本事呢！

嗯……

……

一六〇〇年
羅馬鮮花廣場
哲學家焦爾達諾·布魯諾
Giordano Bruno
此人大逆不道！忤逆上帝！
宣揚哥白尼的邪惡日心説！
在此以上帝之名給予最嚴重的懲罰！
你還有什麼話要説嗎？布魯諾！

哼……
就算我死了！
我的精神仍然
存在！
教廷不可能用
地心說永遠蒙蔽
世人的！
到最後……
戰勝的一定是
科學！
沙……
嘖……
死到臨頭
還嘴硬！
噗噗噗噗噗噗噗噗……
轟
嘶……

……

那個叫布魯諾的人……犯了什麼罪嗎？
喔！因為他一直極力宣揚哥白尼的日心說啊！

所謂的日心說，是主張地球是個天體，如同太陽和月亮般存在於宇宙之中！
而宇宙中存在無限多的天體，也有無限大的空間！地球只是渺小的其中一份子……

也因此……主張地球是宇宙中心的教廷自然是不合理的！
根據天象觀測的數據和資料……地球極有能是繞著太陽公轉，而非太陽繞著地球！
EARTH
SUN
這就是哥白尼的日心說！
而這個消息也傳到伽利略耳裡……
布魯諾因為宣揚日心說而被教廷處死……
這表示我如果要繼續研究的話……
就得多找幾個有力人士當靠山，才不會被教廷盯上啊！

嗯嗯嗯……

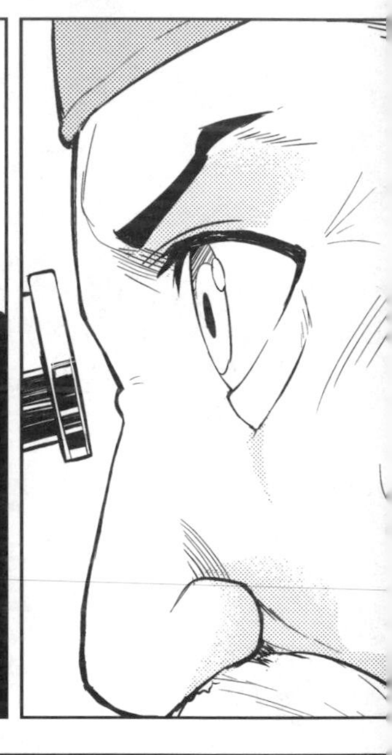
真厲害……
簡直是魔法……

竟然連這麼遠的船隻都看得一清二楚！

有這個望遠鏡的話，對於我們的海上貿易和航海事業都有很大的幫助啊！
太了不起了！
呵呵呵……看來議員挺滿意的呢！這是我手邊唯一一隻望遠鏡，如不嫌棄就送給議員吧！

噢噢噢！
太感謝你啦！
伽利略！
我決定聘請你為
帕度瓦大學的
終身教授！
年薪一千佛羅令！
握！

你就在我這裡
好好的做研究吧！

得到有力靠山！
一切按照
計畫進行！
……

多謝你！
蒙特！
如果沒有你的引薦，
我根本無法得到
像議員這樣強力的
靠山啊！

哪的話！
舉手之勞罷了！
伽利略好友　蒙特
Monte

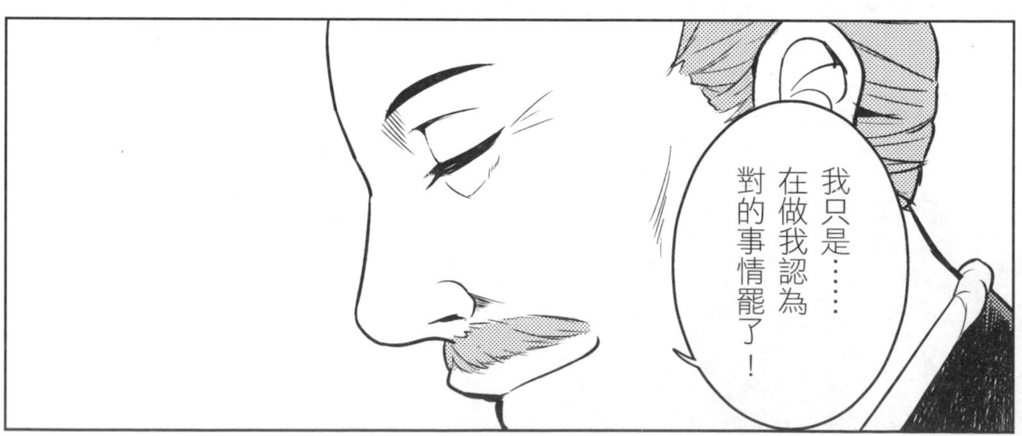
我只是……
在做我認為
對的事情罷了！

教廷以宗教之名
打壓科學的發展……
不只布魯諾，
到處都有無辜的
犧牲者……

這不只是
科學家們的損失，
更是全體人類的
浩劫啊！
宗教應該是
導人向善，
而不是
阻礙科學！

雖然還是有我們
這些朋友在幫助你，
但教廷不乏有
極端份子！
伽利略
你自己也得
小心點啊！
放心吧！
我會
小心的！
多謝你的
幫忙！

Galileo Galilei
真有趣呢！
伽利略！你的望遠鏡是怎麼做出來的啊？
哼哼哼……
我聽説荷蘭有個眼鏡工人發現兩片透鏡可以製作出望遠鏡，
因此有了靈感……

但經過我的改造，我的望遠鏡可是能放大三十倍喔！厲害吧？
驕傲
驕傲
嘿嘿嘿……

哇喔～好棒棒～
伽利略好棒棒～
嘿嘿嘿嘿……
還好啦！還好啦！
笑聲僵硬

可惜唯一一個已經送給議員了~不然我也好想玩……
哼哼哼……
身為科學家，重要的東西要備份可是常識啊！
登——

噢噢噢！原來你的研究室還有一隻望遠鏡啊！
你要拿來觀測什麼嗎？真期待！
議員大概會拿來觀察海相並應用在軍事或貿易上吧！不過我對這個沒興趣……
嗯……暫時還沒想到……
總之先繼續改良吧！

沙

嘿嘿嘿嘿……
呼呼呼……
伽利略真是笨蛋！竟然不知道望遠鏡要拿來幹嘛……

當然是要拿來看隔壁大姐姐洗澡啊！

喂！你在動什麼歪腦筋啊！
住手！住手啦！
別阻撓男子漢的夢想啊！小颯！

噢噢噢……看到了！看到了！
是肉色的……

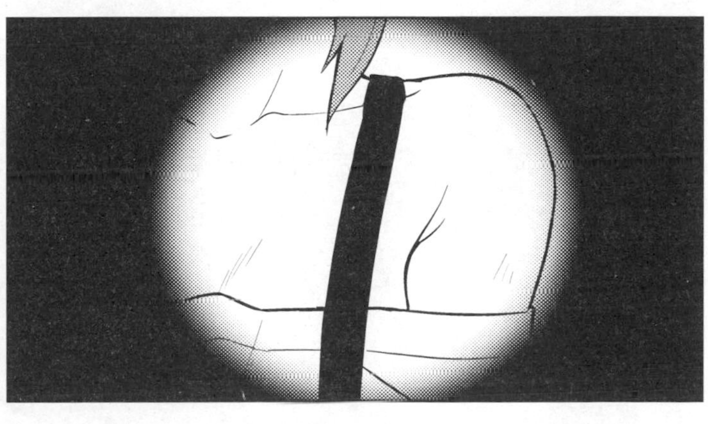

你們在幹什麼下流事啊!?
嚨嚨嚨嚨
嚨嚨
……
是……
是……是亞琦啊!!
等等!我是無辜的……

哈哈哈！你們幾個笨蛋在幹什麼啊？
HA HA
竟然想要偷窺，真有趣……
連我都沒想到望遠鏡可以拿來這麼幹……
哈哈哈哈哈哈……

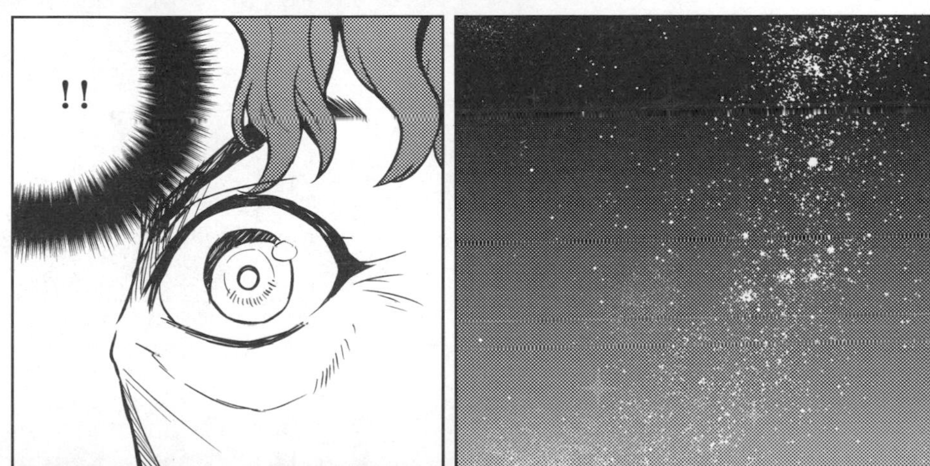
!!

對了！
我想到了!!
我的望遠鏡……
可以拿來觀察
星象啊!!
嚇！

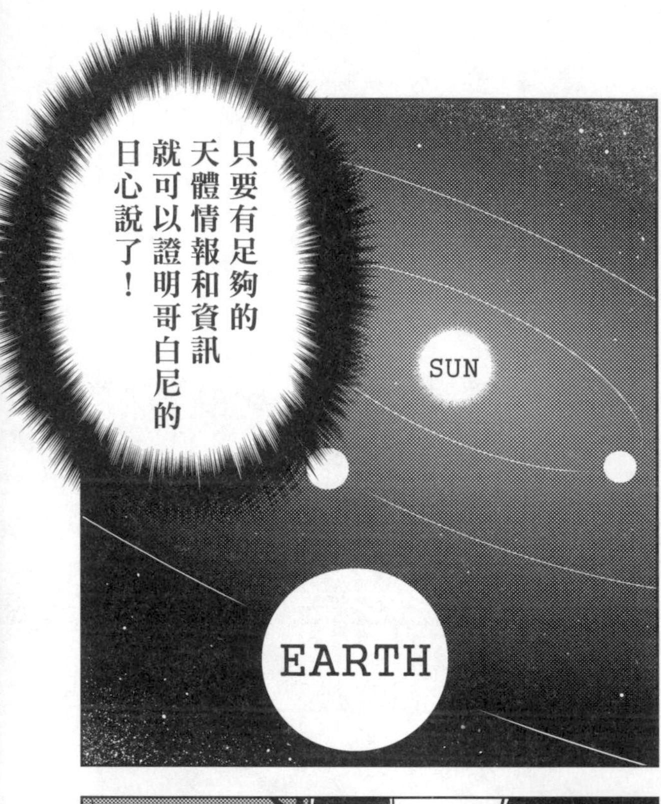
只要有足夠的
天體情報和資訊
就可以證明哥白尼的
日心說了！
SUN
EARTH

握…

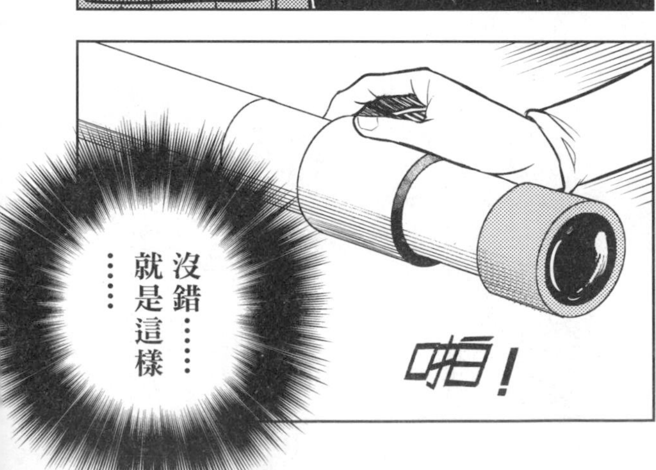
沒錯……
就是這樣
……
啪！

我要用我的望遠鏡……
對抗教廷!!
事不宜遲!馬上來觀察月亮!!

呼啊～
不小心
睡著啦……

你真是精神旺盛啊！觀察一個晚上……都日出了……
還不睡啊？

當然！我怎麼能睡呢？

太陽出來了！現在來觀察太陽……
沙

哇啊啊啊啊!!
痛痛痛痛……
你還好吧？伽利略！
眼睛好痛……
還好還好……
太陽果然不能直視啊……

不過沒關係！
有了這個望遠鏡，不管要花個幾年甚至幾十年……
我一定都要證明日心說！扭轉教廷的觀念！
可不能讓布魯諾白死啊！
登登登!!
第三題完成！
第四題:伽利略與羅馬教廷的關係如何?

噢噢噢！最後的題目也完成了！
嚕嚕嚕……
嗯嗯……看來伽利略很有精神呢！
在這裡他也可以安心做研究，看來我們應該是不用再擔心他了！
回去吧！

唰唰唰
終於回來啦？
如何？了解到望遠鏡對天文學的重要了嗎？

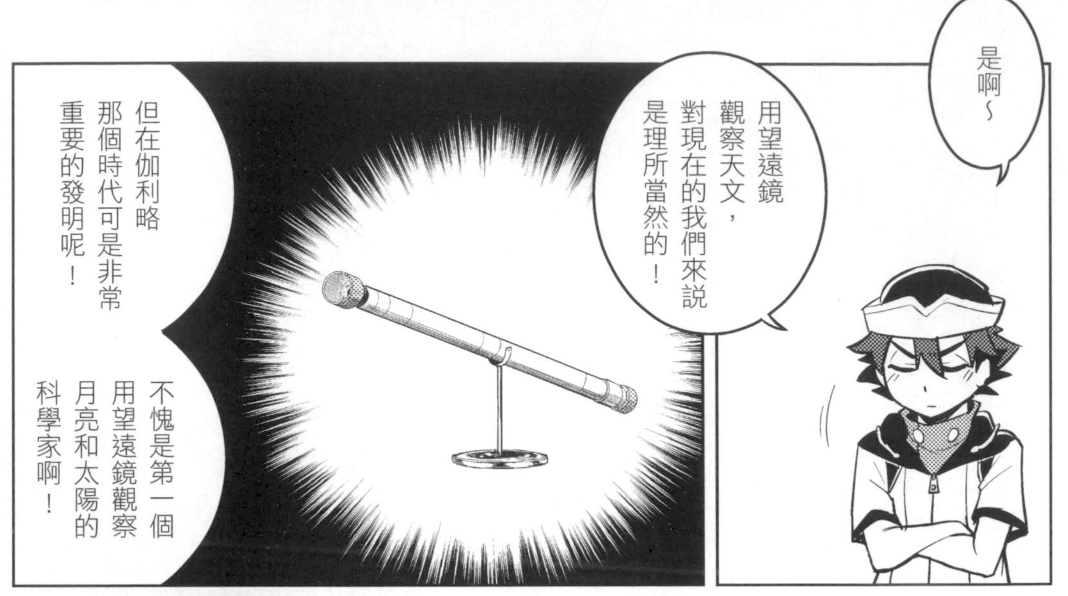
是啊～
用望遠鏡觀察天文，對現在的我們來說是理所當然的！
但在伽利略那個時代可是非常重要的發明呢！
不愧是第一個用望遠鏡觀察月亮和太陽的科學家啊！

伽利略並不是第一個用望遠鏡看月球的人喔！
噢？

第一個是名為托馬斯・哈里奧特的科學家！
在那個時代，研究天文的科學家可是非常多的呢！

不過伽利略會如此被世人重視，不是沒有原因的！
除了他持續觀察天文，對後世的貢獻極大之外……

另外就是他與教廷的抗……

爭……
正在偷窺女子更衣室

死性不改的混蛋!!
砰!!
哇啊啊啊！
等等……我是在研究……
住嘴!!

伽利略篇
第四課：科學與宗教

教職員室

喀……

嘿嘿嘿……
聽説老師的辦公室裡有超高級的望遠鏡！
連數公里外的東西都能看得一清二楚呢！

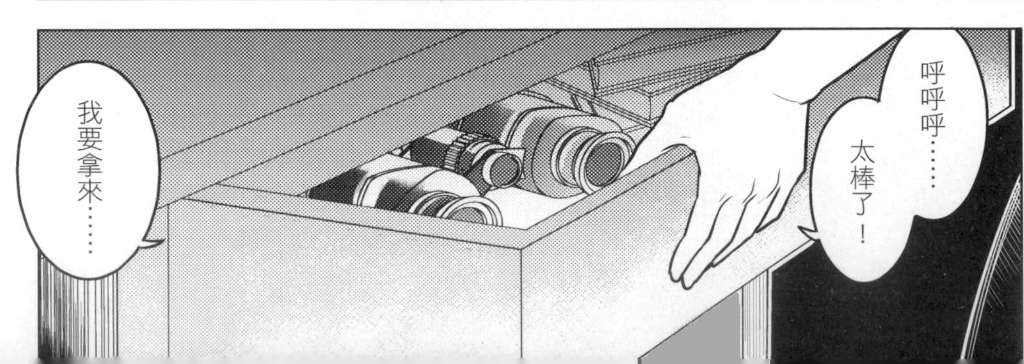
呼呼呼……
太棒了！
我要拿來……

……
拿來偷窺對吧？
嚇

不……
我是要……
拿來找外星人啦……
鬼才相信!!
給我去完成最後的題目吧！
亞琦和小颯你們也跟著！
別讓這傢伙濫用望遠鏡！

一六一〇年
波隆那大學

嗯……
好熱鬧啊？

各位別擠
別擠～
還有很多～
請依序排隊
購買……

這是我伽利略改良後的新型望遠鏡！
也是我的新書《星際使者》發表會！
SIDEREVS NVNCIVS
BOOK COVER. JUST BOOK COVER.
Galileo Galilei
FRIST EDITION
IFYOU UNDER.STAND, DONT TELL ANYONE
哇～是伽利略本人耶！
聽說這本書有許多前所未有的天文觀測記錄呢！
還發現了月球的坑洞與木星的四個衛星……好厲害！
呼呼呼……別急別急～想要簽名的話我會勉為其難的簽給你們的啦！
……

呵呵呵～
好久不見啦兩位～

唉～人紅真是麻煩呢～
粉絲們的熱情真難拒絕啊！

看來你新書賣得不錯啊！伽利略！
雖然我看不懂……

是啊！
一出版就銷售一空呢！
怪不得這麼開心……

哼……
沙……

你太得意了吧！伽利略！
你書裡寫的東西，都是從你的望遠鏡觀察得知的吧？
SIDEREVS
NVNCIVS
BOOK COVER. JUST BOOK COVER.
Galileo Galilei
FRIST EDITION
IFYOU UNDER.STAND.
DONT TELL ANYONE

嗯？

那我告訴你……
你的望遠鏡是壞掉的！
月球是上帝所創的完美傑作！怎麼可能表面坑坑疤疤的？
嗯？
可是望遠鏡看出去本來就是坑坑疤疤的啊！
所以才說那壞掉了啊！上帝的傑作是完美的！

是嗎？
那人類也是上帝創造的……
為什麼你的臉卻是坑坑疤疤的呢？

唔……
這……這是……

多謝了！仁傑！
自從出書之後，就常常遇到教徒來找碴呢！

哼哼！
交給我們吧！
我們會好好教訓這些傢伙的！

上帝創造
任何東西都是
有目的的！
但木星的四顆
衛星毫無用處！
所以不可能存在！
木星不可能
會有衛星！

是嗎？
那男人的
奶頭不是也
毫無用處？

人有七大罪，
一週有七天，
世界有七大
奇蹟……
所以天上
不可能有超過
七個能動的
天體！

……
你從來沒有
抬頭數過晚上的
星星的數目嗎？

就這樣，
仁傑和亞琦利用
時光機，
有空時就來幫伽
利略的忙……
但找碴的人依然
沒有減少……

一六一一年
羅馬

伽利略你
認真的嗎？
太危險
了吧！
沒錯！
我要直接找
羅馬教宗！
尋求他的支持！
不然問題
根本解決
不了啊！

可是……
這樣等於自投羅網吧？

沒關係沒關係～
我一直都有小心，盡量不在著作裡提到反對教廷的字眼……
加上許多有力人士的協助，沒問題的！

何況……

我帶了「禮物」要送給教宗呢！

……禮物？

聖彼得教堂

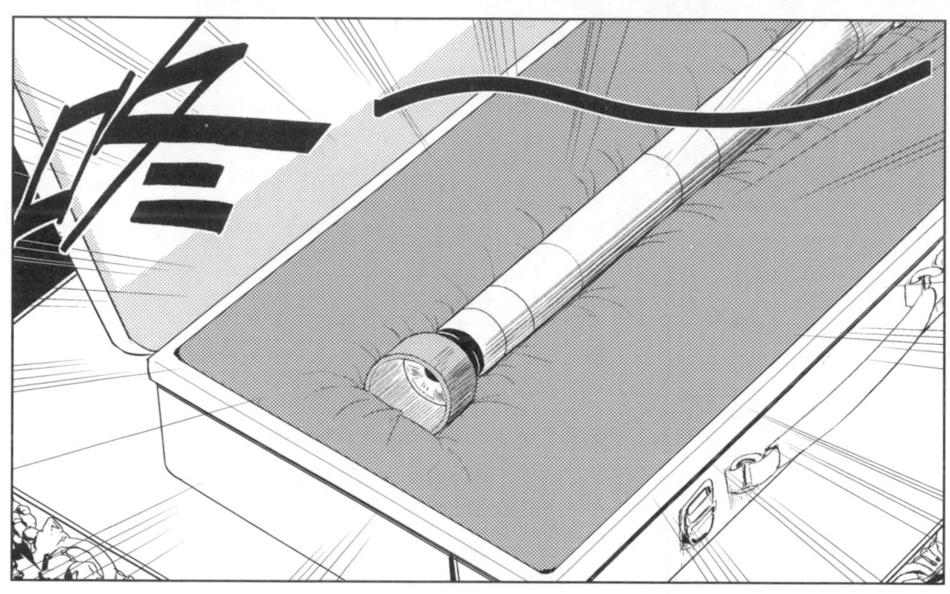

噢噢噢！這是送給我的嗎？
羅馬教宗 保羅五世
是的！教宗殿下！
這是我改良後的望遠鏡！

嗯嗯嗯……
你就是利用這支望遠鏡發現木星的衛星嗎？
真是了不起呢……

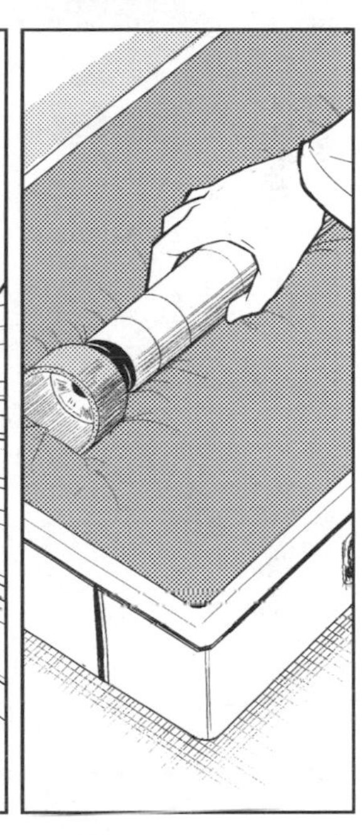

宗教和科學確實也不應該對立！
在不違逆教義的前提下，像你這樣的人才確實值得表揚！

太好了！伽利略！教宗認同你了！
……

又是一個宣揚哥白尼學說的科學家嗎……？
樞機主教 貝拉密

看來……
十一年前燒死布魯諾沒有給他帶來足夠的教訓啊！
竟然用望遠鏡這種玩具蒙蔽了教宗殿下……

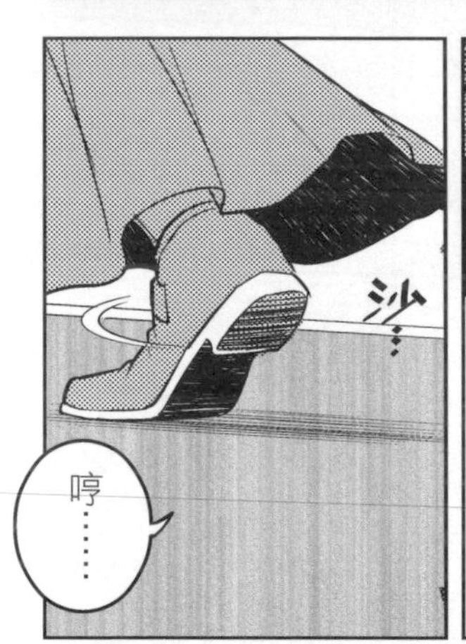

沙…
哼……

你無法囂張太久的！
伽利略！

佛羅倫斯
嗯？
伽利略你在研究什麼啊？

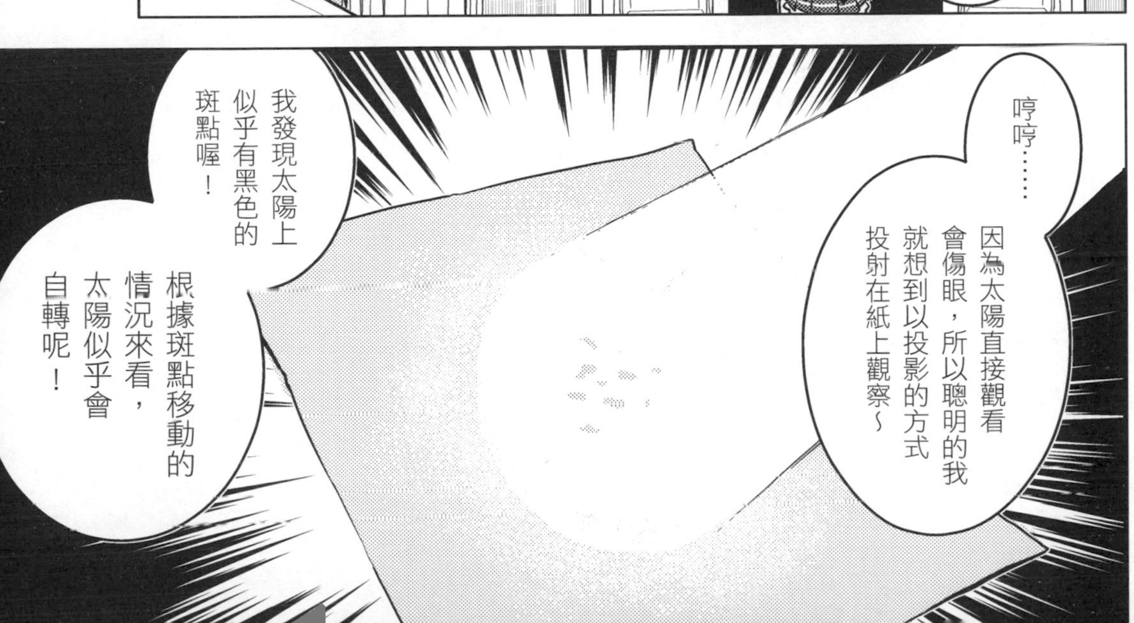
哼哼……
因為太陽直接觀看會傷眼，所以聰明的我就想到以投影的方式投射在紙上觀察～
我發現太陽上似乎有黑色的斑點喔！
根據斑點移動的情況來看，太陽似乎會自轉呢！

嘰咿！
不好了！
伽利略！

聽說樞機主教
貝拉密夥同
一群教徒四處說
你的壞話！
說你宣揚
日心說並嘲笑
教廷的迂腐！

唔……
雖然我是這麼
想的沒錯啦……
但我可不敢這麼
高調啊！
握！

去找他好好談談吧！
科學的研究精神是不容許被抹黑汙衊的！
伽利略與教廷之間的紛爭持續了數十年都沒結束……
他持續邊做研究，邊試圖和教廷維持良好關係，

一六三二年時也完成了偉大著作《對話》一書！裡頭對於教廷的批判敏感字眼也盡量避而不提！
DIALOGUE
DI

可是……

好景不常！
有人告密《對話》一書影射教皇，讓教皇非常生氣！

啪!!

而當時力挺伽利略的有力人士不是去世就是年事已高……沒人能夠維護他。

因此一六三三年時，伽利略被教廷審問！
他在法庭時親口對法官發誓……

我伽利略……
從此再也
不做研究！
也不再支持
日心說！

……也因為他的
自白，讓法官
從輕判決，
最後只被監禁一年，
之後被軟禁在家中。

伽利略……

你剛剛對著法官發誓不再做研究了……
難道一切都到此為止了嗎？

可惡……好不甘心啊！
啪

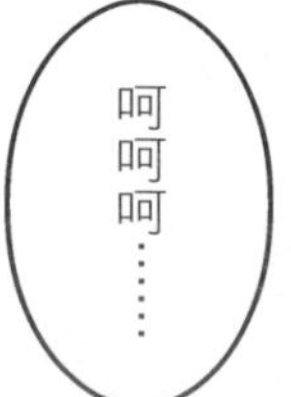
呵呵呵……

你們認識我這麼久了……
還不清楚我是怎樣的人嗎？
我是個討厭托加袍，也討厭留鬍子……
更討厭做研究的伽利略啊！
我一輩子都不會做研究的！

登登登！
伽利略題目全部完成！
第一題:伽利略如何發現鐘擺定律?
第二題:伽利略在比薩斜塔上的實驗
第三題:伽利略天文學之路如何開啟?
第四題:伽利略與羅馬教廷的關係如

哈哈哈！
對齁！我都忘記伽利略是個口是心非的傲嬌了！
嘴巴上說不要，心裡卻想得很！
看來你一定不會放棄繼續研究的吧！
噓！小聲點！會被教廷的人聽到啦！

於是伽利略和兩人道別……

並開始了
長達一年的
監禁……

監禁結束後，
他仍然偷偷
進行研究！

一六三六年他完成
《兩門新科學對話》，
並請人偷偷帶離羅馬，
在荷蘭出版！
DISCORSI
DIMOSTRAZIONI
MATEMATICHE
IN LEIDA

即使要冒
生命危險……
也沒有什麼東西
可以阻止
科學研究的
靈魂啊！

嗯嗯嗯……
看來你們終於完成伽利略的所有題目了啊！
應該有所啟發了吧？
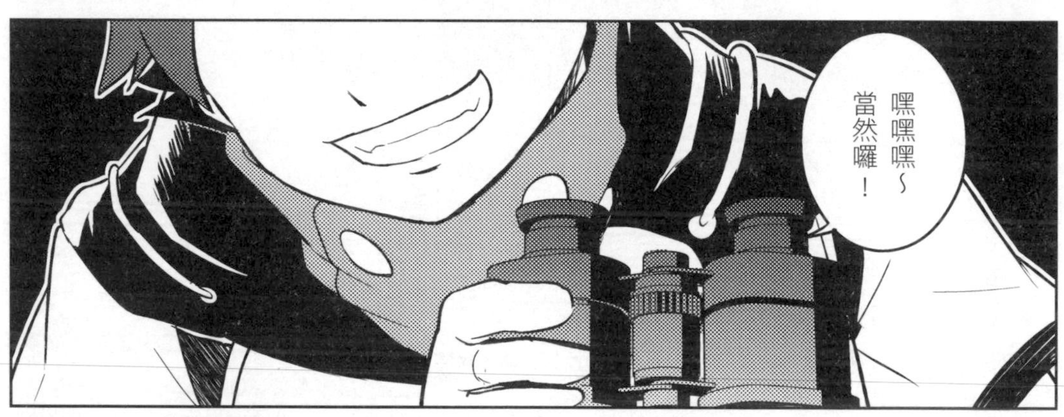
嘿嘿嘿～當然囉！

我也要學伽利略！用望遠鏡找出偉大的發現！
我要發現外星人！
衝啊！超科少年!!

嗯？
你不知道嗎？

伽利略因為
過度使用望遠鏡，
所以一六三七年
就失明了。

他的晚年就在
黑暗中度過了……
這就是科學研究的
代價啊！

如何啊？
你還要
研究嗎？
呃……
那個……
還是
算了……

BEHIND the SCENES

各位好，很榮幸能夠跟大家聊聊關於這次作品的一些小事情。
我是好面
我是彭傑

其實剛接到這個作品時，覺得能畫些寓教於樂的東西很有趣。
BOSS
來作點科學的事吧！
？
不過，等到開始收集相關資料時，才發現自己對這些偉人一點都不熟！
糟糕，伽利略除了丟球以外，還幹過哪些事情啊？
所以，事前作業的資料整理也花了不少時間。

幸好有彭傑的加入，讓陷在泥沼中的我，看到強烈的希望！
我找了強力幫手喔。
準備好接受制裁了嗎？
再來就是一連串奇妙之旅了。但其實還有好多人要感謝啊！

我們的主角伽利略，他奠定了一些科學基礎，還影響了後來的牛頓。
這邊是彎的喔。
伽利略的父親是宮廷音樂家，第一畫伽利略出場時手上拿的就是當時的樂器——魯特琴。

說到伽利略，最有名的是比薩斜塔落球實驗，不過最早作這個實驗的並不是伽利略，

是一五八六年的西蒙·斯蒂文（Simon Stevin）喔。

二〇一四年，英國BBC的節目到美國NASA的真空實驗室裡，作了一次在真空環境中鉛球和羽毛同時落下的實驗，算是再次驗證了不同質量在真空環境中同時落下會同時著地。

伽利略其實還有作一個小東西，就是簡單的空氣溫度計。因為溫度不同，會造成管內的水位高低變化。

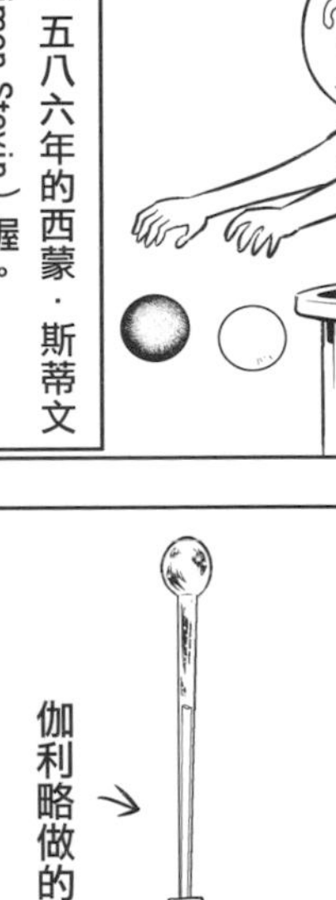

現在市面上賣的

不過現在市面上賣的伽利略溫度計並不是伽利略當時做的樣子，應該算是利用相同原理做成的玩具吧。

雖然伽利略受到教廷打擊，但最後沒被判死，或許也跟當時科學勢力慢慢抬頭有關。

被冤枉了近三百五十年啊。

一九八〇年，天主教會也承認當年審判有誤，對伽利略來說，也算是沉冤昭雪了吧。

Super Science Jr.
超科少年
SSJ4
星際使者伽利略
ASTRONOMY

漫畫科普系列 004

超科少年．SSJ

Super Science Jr.

星際使者伽利略

漫畫創作｜好面 & 彭傑 友善文創 Friendly Land
插畫｜ Nic 徐世賢、王佩娟
整理撰文｜漫畫科普編輯小組
責任編輯｜周彥彤、呂育修、陳佳聖
美術設計｜東喜設計
責任行銷｜陳雅婷、劉盈萱

天下雜誌群創辦人｜殷允芃
董事長兼執行長｜何琦瑜
媒體暨產品事業群
總經理｜游玉雪　副總經理｜林彥傑
總編輯｜林欣靜　主編｜楊琇珊
行銷總監｜林育菁
版權主任｜何晨瑋、黃微真

出版者｜親子天下股份有限公司
地址｜台北市 104 建國北路一段 96 號 4 樓
電話｜（02）2509-2800　傳真｜（02）2509-2462
網址｜ www.parenting.com.tw
讀者服務專線｜（02）2662-0332　週一～週五：09:00~17:30
讀者服務傳真｜（02）2662-6048　客服信箱｜parenting@cw.com.tw
法律顧問｜台英國際商務法律事務所．羅明通律師
製版印刷｜中原造像股份有限公司
總經銷｜大和圖書有限公司　電話：（02）8990-2588

出版日期｜2015 年 12 月第一版第一次印行
　　　　　2024 年 8 月第一版第十三次印行
定價｜350 元
書號｜ BKKKC048P
ISBN｜ 978-986-92486-4-8 （平裝）

國家圖書館出版品預行編目資料

超科少年．SSJ：星際使者伽利略
漫畫創作｜好面&彭傑(友善文創) /整理撰文｜漫畫科普編輯小組.
-- 第一版. -- 臺北市：親子天下, 2015.12
192面；17X23公分. -- (漫畫科學家；4)
ISBN 978-986-92486-4-8 (平裝)
1.伽利略(Galilei, Galileo, 1564-1642) 2.科學家 3.傳記 4.漫畫

308.9　104025825

推薦序

漫迷vs.科普知識讀本

文／鄭國威（泛科學網站總編輯）

總有一種文本呈現方式可以把一個人完全勾住，有的人是電影，有的人是小說，而對我來說則是漫畫。不過這一點也不稀奇，跟我一樣愛看漫畫成痴的人，全世界至少也有個幾億人吧，所以用主流娛樂來稱呼漫畫一點也不為過。正在看這篇推薦文的你，想必也是漫畫熱愛者！

漫畫，特別是受日本漫畫影響甚深的台灣，對這種文本的普及接觸已經超過30年，現在年齡35—45歲的社會中堅，許多都經歷過日漫黃金時代，對漫畫的魅力非常了解，這群人如今或許也為人父母，就跟我一樣。你現在會看到這篇推薦文，要不是你是爸媽本人（XD），不然就是爸媽長輩買了這本書給你吧。你可能也知道，針對小學階段的科學漫畫其實很多，在超商都會看見，不過都是從韓國代理翻譯進來的，台灣自己的作品就如同整體漫畫市場一樣，非常稀缺。親子天下策劃這系列《漫畫科普系列》，我想也是有感於不能繼續缺席吧。

《漫畫科普系列》第一波主打包括牛頓、達爾文、法拉第、伽利略四位，每一位的生平故事跟科學成就都很精彩且重要。不過既然針對中學階段讀者，用漫畫的形式來說故事，那就讓我這個資深漫迷 X 科學網站總編輯先來給你3個建議：

第一、所有嘗試轉譯與普及科學知識的努力必然都會撞上「不夠嚴謹之牆」。身為科學傳播從業人士，我每天都在想該如何在科學知識嚴謹性，趣味性跟速度感之間取得平衡，簡單來說就是一直在撞牆啦！儘管如此，我們最歡迎的就是挑

剔的讀者了，所以儘管漫畫很好看，但我希望你一定要挑剔，把你不太明白或有疑惑的地方都列出來，問老師、上網、到圖書館，或寫Email給編輯部，把問題搞個水落石出喔！

第二、科學人物史是科學與人文的結合，而儘管《漫畫科普系列》介紹的科學家都是超傳奇人物，故事早已傳頌，但要記得歷史記載的都只是一部分面向。另外，這些人之所以重要，當然是因為他們提出的科學發現跟見解，如果有空，就全家一起去科學博物館或科學教育館逛逛，可以與書中的內容相互印證，會更有趣喔！

第三、從漫迷的角度來看，《漫畫科普系列》的畫技成熟，明顯的日式畫風對台灣讀者應該很好接受。書中男女主角的性格稍微典型了些，例如男生愛玩負責吐槽，女生認真時常被虧，身為讀者可以試著跳脫這些設定，不用被侷限。

我衷心期盼《漫畫科普系列》能夠獲得眾多年輕讀者的喜愛／批評，也希望親子天下能夠持續與國內漫畫家、科學人、科學傳播專業者合作，打造更多更精彩的知識漫畫，於公，可以替科學傳播領域打好根基，於私，我的女兒跟我也多了可以一起讀的好書。

導讀

打破「科學家＝定理」這道公式

文／賴以威（長庚大學電子工程學系助理教授）

中學時代我討厭的人是隔壁班的7號，因為他全校排名永遠比我高；還有牛頓、伽利略、克卜勒這幾個傢伙，因為只要他們一出現，後面總是伴隨一串公式，公式後面又牽了一堆例題、習題，彷彿以嘲弄的口吻訴說著「為什麼連行星軌道運行都不會計算呢？」會算才奇怪吧！夜晚坐在陽台抬頭仰望滿天星斗，應該是浪漫、要玩起連連看，找出自己的星座在哪才對，幹嘛思考天體運行？被蘋果打到頭，應該是檢討以後不該坐在蘋果樹下乘涼，不然被多砸幾次變笨了怎麼辦，為什麼要思考起萬有引力？

看到鐘擺……嗯，算了，我可以再舉100個科學家異於常人的行為思考模式，不過這都不是重點，重點是在以知識傳授為主的學校教育中，科學家們往往被切成一片片陳列在課本裡。我們知道他們做了很多了不起的研究、發明，但也僅止於知道這些。我們不知道他們受到怎樣的啟發，在何種情境下發現了自然的真理；不知道他們影響後世的偉大發現（至少對中學生的考卷來說影響重大），他們的生活是否受到影響。簡單說，在教育中我們隱藏了一道公式：科學家＝定理。

實際上，科學家＞定理。伽利略就是一個很有趣的例子：他出生在科學革命的時代，許多傳統理論被重新檢驗。伽利略提出了很多跨時代的想法，憑一個人就將科學發展的前線推了好幾步。然而，當時宗教對社會的控制力凌駕在科學之

上，新的科學理論違反宗教思想，導致了哥白尼被輿論抨擊、布魯諾被燒死在羅馬廣場上的悲劇。於是，伽利略不僅埋首在科學研究，還得想辦法保護自己，尋求有權勢者的庇護，與不時以宗教立場來主導科學研究的羅馬教廷保持好關係。課本上沒有這些充滿「人性」的伽利略，因為從科學的角度來看這實在是太微不足道了。

但對學生來説呢，我認為「人性」的重要程度不亞於任何一則伽利略發明的定理。它讓我們知道，一位偉大的科學家是在怎樣的環境中被培養、建立起來。當遇到困難，甚至這些困難不是知識性上的困難，而是每個人都可能會遇到的人際、社會問題時，伽利略是如何巧妙的去處理。望遠鏡不只是伽利略的科學儀器，還成了拜訪貴族與宗教人士的伴手禮。就算被打壓了，他依然在保障自己人身安全下，迂迴的持續為所信奉的科學真理發聲。

這個社會喜歡解構成功人士，請他們出來講講話，試圖釐出一套人生哲學。從這個角度來看，科學家正是還在學生時代，以學習知識為主的人們最適合的「成功人士」範本。伽利略的人生非常精彩，這部漫畫挑選了幾段最重要的時刻來描述。我想，相當適合作為打破「科學家＝定理」這道公式的第一步。

Ser.mo Principe.

[illegible] Galilei Humiliss.o Servo della Ser.tà [illegible]
[illegible] assiduamente et con ogni spirito per potere non [illegible]
[illegible] che tiene della lettura di Matematica [illegible]

[illegible] minato di presentare al Se[illegible]
[illegible] are di giovamento inestim[illegible]
[illegible] rittima o terrestre stimo [illegible]
maggior segreto et solamente a [illegible]
cavato dalle più recondite sp[illegible]
[illegible] ntaggio di scoprire Legni et Ve[illegible]
di tempo prima ch'egli scuopra noi
la qualità dei vasselli giudicare le
alla caccia al combattimento o alla fu[illegible]
a spazza aperta vedere et particolarmente [illegible]
moto et preparamento.

Adi 7. di Gennaio
Giove si vedeva così
Adi 8 così
era dunque diretto et non retrogrado
Adi 12 si vedde in tale costituzione
Adi 13 si veddero vicinissime a Giove 4 stelle
[illegible] angolo

chapter

1

閃問記者會

— Galileo Galilei —

10 個閃問穿越記者會

各位書上的來賓大家好，歡迎來到 10 個閃問穿越記者會，今天的來賓除了具有一雙巧手、巧腦，嘴砲的工夫也是讓人倒退三分，絕對不是因為口臭，而是他牙尖嘴利、能言善道，大家千萬要加強自己的心理建設，以防我們的來賓一句話就讓你腦羞到無地自容、白眼翻到外太空。現在就讓我們歡迎今天的來賓，用望遠鏡看穿你心靈弱點，一句話讓你翻白眼的嘲諷界大師——伽利略。

伽利略先生您好，我是今天的主持人小草莓，非常謝謝您遠從 17 世紀的義大利來到這裡，現場有好多崇拜您的粉絲，他們對您利用望遠鏡發現許多天文現象的過程，特別有興趣，所以想請教您 10 個問題：

那麼伽利略先生請接招，先揪咪一下，請問第一個問題……

這位大嬸，請問您幾歲啦？還揪咪。請接招會不會也太老梗，還是你只想裝可愛？

……………………

（吸氣、吐氣、深呼吸，我很堅強、我不是爛草莓、我是一顆青春可愛惹人憐的小草莓）。請問伽利略先生，第一個問題是大家都對您的望遠鏡很好奇，尤其是為什麼就只有您的望遠鏡品質最好，放大倍率也最高？

這樣就對啦，不要裝可愛，會有點噁心。回歸正題，大家都以為望遠鏡只是一根管子加兩片鏡片，這麼想就代表你已經輸了。再怎麼簡單的東西都要認真看待，我的撇步只有 2 個，首先鏡片都來自於佛羅倫斯。第二，磨鏡片要選比原先尺寸更大一些，因為只有鏡片中間的地方可以磨得比較均勻，所以先磨大面積的，再取中間來用。

大家是不是覺得很超值啊！沒想到見面會不但不用錢，除了跟本尊見面，還可以學到一技之長。說到一技之長，聽說您從威尼斯的兵工廠工人身上學到很多，可以跟我們聊聊這塊嗎？

沒錯，這是很珍貴的經驗，這些工人真的可以算是科學家了，懂得多，又勇於嘗試與解決問題，像我的製作技術都是跟他們學的。唉，我那時候的哲學家常常瞧不起工人，覺得他們沒學問。不過你看這些哲學家就是這樣才做不出好的望遠鏡，書讀得再多又有什麼用！？

沒錯，像我們走技職教育的小朋友們不要自卑灰心，懂得動手和動腦才是王道。接下來根據我們現在的資料顯示，太陽黑子不是你第一個發現的，請問這是真的嗎？

當然不是真的啊，你是要聽我這個活生生的伽利略說的話，還是相信你手上的資料。好啦，或許我有點記錯，不過要不是我的特製望遠鏡，其他科學家哪輪得到發現這些天文現象，結束，趕快進行下一題。

息怒息怒，伽利略大人請息怒。那我們來聊聊為什麼您的著作總是會利用2、3個科學家的對話來說明自己的科學概念。

這是個很好的問題，因為我覺得科學的新概念能讓愈多人知道愈好，所以想以一種比較輕鬆的方式，讓一般人可以更容易的閱讀，並且內容也不是以艱澀的古拉丁文撰寫，而是用義大利文寫成，這應該算是你們所說的科普書籍吧。

應該是自己很愛演吧（被瞪）。沒有，沒有，那我想問當您發現木星周圍有4顆衛星時，為什麼不用自己的名字，而是要用托斯卡尼大公爵的名字？

只能說你們現在的科學家真的很幸福，國家都會給你們研究經費，而且不用掛名。哪像我們連「科學」兩個字都不知道是什麼，誰還會拿錢給你花用，只能盡可能的拉贊助，心酸啦。

可是我有聽過一個故事，當初威尼斯議會因為您的望遠鏡成果答應給您加薪，但是您又跑去找托斯卡尼大公爵，並且獲得更好的待遇，最後不管與議會的協定，直接跑去接任大公爵的職位，這樣是不是太大小眼了？

我承認這確實有些不厚道，畢竟先答應別人，然後看到更好的待遇又反悔。但是我是希望能有一份職位是不需要教書，可以讓我專心做研究，重點是又不會受到政府干涉，所以就接受大公爵的聘請。

我們知道您在太陽黑子、金星盈虧與彗星上和一些人鬧得不愉快，不過也是因為您為了捍衛哥白尼的日心說，雖然總是辯贏那些反對者，然而他們也讓您在晚年陷入被羅馬教廷指責懲罰的困境。有沒有想過要是不要那麼衝動，結果會不會比較好一點？

千金難買早知道，不過重來一遍的話，我還是會辯，不過要說到他們無地自容、抱頭痛哭，我的每一句話就要刺進他們的心裡，可惡，就是這些人竟然輸不起，跑去教廷告狀，害我連死後都只能葬在教堂旁邊的小木屋的墓地。

伽利略先生果然有 GUTS，那您一定很後悔向教廷認罪囉？

你瘋啦，有什麼好後悔的，我可不像草莓一樣沒有大腦，命只有一條，可要好好珍惜，你看要是我沒有認罪，最後被火燒死，我還會出現在這裡嗎？

喔，當然可以啦，不然您現在怎麼會坐在這裡接受訪問，不過若是您被判火刑的話，來的時候可能會有點焦焦的就是了。

你還強詞奪理，可惡～

腦羞了喔，呵呵呵。雖然您在科學路上有遇到反對的人，但是也有不少支持您的人，尤其克卜勒在您研究初期不斷挺身而出幫忙，您的學生和背後的金主也都有在您接受審判時說情，那麼當中您最想感謝的人是誰？

我最感謝的人是我的大女兒，其實你也知道我是走在時代的尖端，就連婚姻也是，我根本沒有跟我的太太辦理結婚手續，所以我們頂多算是同居人，最後孩子出生後，我也不是一位好爸爸，兒子跟著媽媽，2個女兒全都送入修道院。沒想到我的大女兒一點都不恨我，反而時常寫信給我，慰問身體健康或是送些東西給我，實在非常孝順啊，嗚嗚嗚。

別哭別哭，那個非常感謝伽利略先生不辭辛勞來到這裡，也熱心回答了我們這麼多問題，穿越的時間實在有限，若是大家還有疑問，就不妨仔細找找這本書，一定可以解答你的疑問，再次謝謝我們的嘲諷大師，伽利略先生。好了，不要再哭了！（那個誰啊，趕快送他回家。）

Ser.mo Principe.

...leo Galilej Humiliss.o Servo della Ser.tà V...
...nuam.te et con ogni spirito per potere non...
...re della lettura di Matematic...

...minato di presentare al Ser...
...ore di Giovamento inestima...
...rittima o terrestre stimo...
...maggior segreto et solam.te a...
...cavato dalle più recondite sp...
...entaggio di scoprire Legni et Ve...
...di tempo prima ch'egli scuopra noi...
...la qualità de i Vasselli giudicare le...
...alla caccia al combattimento o alla fu...
...campagna aperta vedere et particolarm.te distin...
...moto et preparamento.

Adì 7. di Gennaio

Giove si vedeva col ... così

Adì 8 così

era dunq. diretto et non retrogrado

Adì 12. si vedde in tale costituzione

Adì 13. si veddero vicinis.e a Giove 4 stelle

...triangolo

chapter

2

讚讚劇場

— Galileo Galilei —

開始擺動的伽利略時代

天空有時不如你我想像這般

你是否知道天空的星體在宇宙中是如何排列？

「這個簡單，以太陽系來說，太陽位於太陽系的中心，從離太陽最近的行星開始，依序為：水星、金星、地球、火星、木星、土星、天王星和海王星。冥王星並不能算在裡面，它是一顆矮行星，所以現在只有八大行星。」

嗯～聽來好像很有道理，但是我認為地球才是太陽系的中心，月球、太陽以及其他八大行星都是繞著地球轉動，請問你會同意我的說法嗎？還是認為我簡直是亂說一通，國中讀的書都忘了一乾二淨，並且叫我去上網 google 一番。可是，你的想法已經落伍了，現在太陽系的中心可是地球。這下子你再也按耐不住了，翻著白眼，心中嘀咕著神經病，拿出一堆參考資料、科學書籍或是美國太空總署的照片，反駁我所謂的最新知識。

好吧，或許我不會接受你的論點，但是我也不會因為這樣就「被捕入獄」、「活活燒死」。然而當我們把時間往前追溯到 16 世紀的歐洲，你可是會被架上十字架，在眾人面前被火活活燒死。為什麼不是我？因為我可是支持地球是太陽系的中心！那時的歐洲是一個被神學、聖經、亞里斯多德哲學所支配的時代，是一個尚未有任何現代科學出現的時代，在這種說錯話就可能小命不保的氣氛之下，還是有一些人逐漸從這些虛假的幻象中覺醒，從哲學中抽出科學，對抗整個枷鎖，當中有個人就是伽利略。

16 世紀歐洲的世界觀

16 世紀的歐洲對於宇宙和世界的構成以及運行原因，幾乎都來自於古希臘哲學家亞里斯多德（Aristotle）四元素說和希臘科學家托勒密（Claudius Ptolemy）的地心說。亞里斯多德認為所有宇宙間的物質都是由泥土、水、火、空氣等四種元素構成，泥土和水分別是最重和第二重的物質，所以會往地球的中心落下；火和空氣則是最輕和第二輕的元素，所以會往上飄。他們認為所身處的世界從內向外就是由泥十、水、空氣與火，一層層所包覆。不過這四種元素層僅限於月球以下的世界，而月球以上的世界，包括太陽和其他星星，則是以一種永不腐朽、變化的以太所組成，這些星體不斷的以圓形軌道繞著地球轉動。托勒密延續這種以地球為中心的概念，認為宇宙可以看做一個球殼，地球位於球殼的中心，依序向外是月球、水星、金星、太陽、火星、木星、土星、恆星球，並且這些星球都繞著地球轉動。

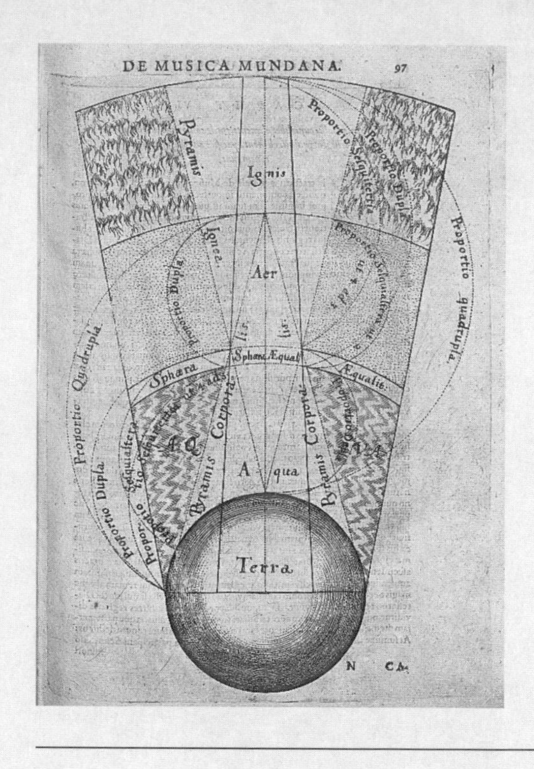

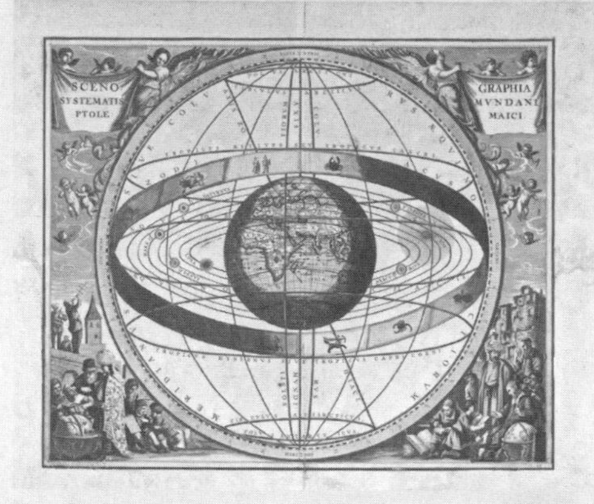

▲ 托勒密的地心說，中間球體是地球，月球等其他行星繞著地球轉動，最外圍是恆星球，可以看到 12 星座位於恆星球上。

◀ 亞里斯多德的四元素說，球體代表地球，terra 是泥土，aqua 是水，aer 是空氣，ignis 是火。

大家好，我們都是伽利略

伽利略所屬的家族是一個歷史相當悠久的貴族，時間可以追溯至 13 世紀的祖先吉歐凡尼．包那提（Giovanni bonaiuti）。不過他的長孫伽利略．包那提（Galileo bonaiuti）依循托斯卡尼當地家族的風俗，將自己的姓改成名，從此成為伽利略家族史上第一位伽利略．伽利萊（Galileo Galilei），這位仁兄雖然有數典忘祖的嫌疑，但是他成為一位醫生並且在大學裡任教，之後更擔任政府機關的高階公務人員，往後的子孫也沒讓伽利略失望，同樣具有顯赫的經歷，延續家族得來不易的榮耀。不過正所謂富不過三代，到了第二位伽利略——也就是本故事的主人翁，家族的影響力已大不如前，但是他們仍然非常重視這份榮耀。伽利略的父親文森羅不再是位顯赫的官門子弟，而是一位在比薩租屋的音樂家，跟隨名師查林諾學琴，非常擅長演奏魯特琴和唱歌。但是音樂家這行業實在無法糊口，不像現在我們的演藝事業這麼發達，辦個簽唱會、成立粉絲團、進軍電影界等統統做不到，只好兼差家教招攬想學音樂的學生。此外還承襲太太娘家布匹商的基礎，經營布料買賣貼補家用。文森羅除了善於彈奏，也熱衷研究音樂理論，他發現當時的音樂家過度講求音階的數學意義，認為所有的音階分布都要符合數學上的比例。但是他認為聲音是來自於空氣的震盪，而非由抽象的數學公式所決定，所以發表一篇關於音樂研究的著作《古今音樂對話》，説明只要所發出的音樂是優美動人的，就不必要侷泥於這些死硬的數學公式。

但是卻引發他老師的不滿，認為自己的權威與前人的音樂基礎受到褻瀆，因此阻止文森羅發表這本著作，不過他不肯屈服、堅決發行，這種勇於挑戰、不懼權威的個性，深植在伽利略的心中，或許父親並沒有刻意對他灌輸這種思想，但是在日後處事上卻是可以看到他父親的影子。那麼伽利略自小在音樂的薰陶之下，怎麼會「走鐘」成為科學家呢？

16 世紀歐洲樂器之王——魯特琴

魯特琴源自於中亞地區，是一種類似吉他的樂器，外型像是一顆雞蛋，但是背部呈現圓弧形，而不像吉他一樣扁平，具有六根琴弦，可以用手指撥弄出各種樂調。由於音色優美，可以獨奏或是與其他樂器合奏，所以深受中世紀歐洲人的喜愛，直到鋼琴出現，這種樂器才漸漸沒落。

▲ 演奏魯特琴的小丑

▼ 魯特琴

爸爸都是為你好

雖然文森羅是位頗有名氣的音樂家，對於音樂有自己獨到的見解，但是現實的生活處境也讓他了解音樂並不是能夠溫飽三餐的最佳選擇，如同天下一般的父母，希望自己的孩子不要走錯路，所以非常積極的給予伽利略最好的教育，希望教育能夠改變生活的環境。他在大學前所學習的知識主要是拉丁文、邏輯學、希臘文以及神學，小學畢業後到修道院學習，他一度立志成為神職人員，想當然爾這樣的企圖立刻被他父親打斷。畢竟當時傳教士通常沒有什麼收入，比當個音樂家還慘，文森羅希望他要有身為長子的自覺，能夠找到一份好工作，最好當位醫生，替弟妹和自己未來著想，所以文森羅很早就為了伽利略的大學打算，希望他能夠上最好的大學，修習醫生課程，最後進入當地頗為知名的比薩大學。這所學校主要分成3個學院：神學院、法學院和文學院，而伽利略則是進入文學院就讀。奇怪，他不是要成為醫生嗎？怎麼會去文學院，這所大學也沒有醫學院啊！其實文學院就等於醫學院，主要教授哲學與其他附屬的相關學科，這也是當時托斯卡尼年輕人大學畢業想要賺錢的一條路。不過伽利略身上也是流有父親叛逆的血液，他對於學院的課程顯得興趣缺缺，尤其對於學院那些老學究不斷重複亞里斯多德對於物理學和天文學的概念，更顯得煩躁，這也促使他後來極為不屑信仰亞理斯多德的學者。

伽利略哥哥有練過，大家不要學

正如許多科學家都會在求學時期遇到貴人一樣，伽利略在大學中也遇到一位數學老師里奇（Ostilio ricci）。里奇是位有趣的老師，他不僅在課堂上教授單純的數學，也讓學生學習測量的數學技巧和繪畫所需要的透視學，這麼有趣的課自然引起伽利略的興趣，從此開啟他對於數學的喜好，並且往後我們也可以看到伽利略的研究，也經常應用到測量和透視的技巧。當時他有一位很要好的同學叫做奇哥力（Cigoli），後來奇哥力成為知名的畫家，他表示伽利略那時候已經展現出很好的繪畫天分，甚至絕對可以成為一位很好的畫家，兩人後來還合作繪製出月球表面的圖像。不過伽利略還是為了父親扮演好乖寶寶的角色，就算討厭上老學究的課，也不至於出現翹課、不交作業等行徑。不過父親終究還是發現這小鬼頭心裡在想什麼，最終抵不過伽利略對於數學的熱情，讓他索性學完數學相關的課程後，在沒有取得任何學位下直接離開大學。伽利略這時21歲，或許是已經取得父親的諒解，也可能認為父親已經無法再掌控自己，於是他決心將日後的生涯投身數學研究這條不歸路中。

伽利略與鐘擺

伽利略在大學時就已經展現出數學天分，與對於物理現象的好奇心，據說他有一次到比薩大教堂時，看見吊燈在天花板擺動，好奇測量來回擺動一次的時間，最後竟然發現無論擺動的幅度是大或是小，擺動一次的時間都不會有所改變。雖然這個故事證明是一項傳說，因為他讀書的時候，教堂裡還未掛上吊燈，不過可以確定的是他在大學時期已經在研究鐘擺的周期，不過完整的結果卻要等到 1602 年才完成。

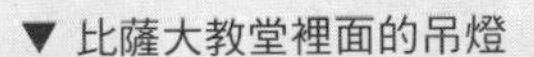

▼ 比薩大教堂裡面的吊燈

▼ 義大利奇蹟廣場上的比薩大教堂與比薩斜塔，
廣場上的建築物於 1987 年被列為世界遺產。

我要朝向偉大的科學之路邁進

Eureka ！ Eureka ！ Eureka ！

「Eureka ！ Eureka ！ Eureka ！阿基米德（Archimedes）顧不得全身一絲不掛，像個變態怪叔叔一樣，衝出門外大喊我發現了！我發現了！原來國王出了一道難題，要阿基米德破解金匠的把戲，命令他鑑定金匠所作的純金王冠是不是偷工減料，無奈他怎麼想都想不出來，直到有一天泡在浴缸中，發現水溢出浴缸的量就是身體泡入水中的體積，所以如果與王冠相同重量的金塊沒入水中時，那麼兩者所溢出的水量應該相等，如果王冠溢出的體積不一樣，就表示被參雜了其他種類的金屬，嘿嘿，那麼金匠可是要倒大楣。」

伽利略在 1586 年也根據阿基米德當時的故事製作出一台比重秤，可用來精確的測量物體的比重，讓他在研究生涯的起跑點上，大喊 Eureka ！

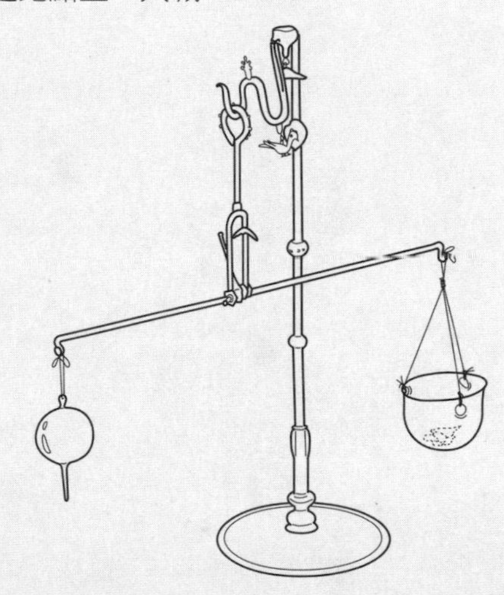

▲ 比重秤，左端是一顆玻璃球，右端則是放置砝碼。

伽利略的比重秤與阿基米德

比重由字面上的意思來解釋是「與水比重量」，指的是在相同體積下，物體重量是比水重或是輕，譬如黃金的比重大約是 19，就表示在相同體積下，黃金比水重 19 倍，因此這也說明金的密度（重量除以體積）是水的 19 倍。伽利略所發明的比重秤可用來測量液體的密度，它的外觀與天平差不多，一端還是放置砝碼，另外一端則改掛置一顆玻璃球，當要測量液體的密度時，只要把玻璃球放入液體中，此時天平就會出現擺動，之後在另一端放置砝碼讓天平取得平衡，這麼一來我們就能得出砝碼的重量等於液體對於玻璃球的浮力，這時就換阿基米德出場了，他後來發現物體在液體中所受到的浮力等於物體的體積乘以液體的密度，我們已經知道浮力，也知道玻璃球的體積，所以就能得出液體的密度。

伽利略溫度計

伽利略不僅利用阿基米德的浮力製作出比重秤，他也利用類似的原理製作出可以測量溫度的儀器，跟我們常看到的細長如鉛筆的酒精溫度計不太一樣，伽利略溫度計外型是個大型玻璃柱，裡面有一些五顏六色的小球飄浮在玻璃柱中的液體內。這些小球裡面裝著液體，看起來就像是裝著小魚的美麗魚缸，有時候這些小球會上上下下不斷移動。這種移動意味著溫度的變化。伽利略溫度計的原理在於液體的密度會隨著溫度而發生改變，而我們知道密度與浮力有關係。每顆小球所需的浮力都不相同，因此只要溫度一發生變化，當特定小球所受的浮力不夠，就會沉到底部，我們可以利用這種方式來判斷出環境的溫度。

▼▶ 伽利略溫度計與裡面掛有溫度標示的小球

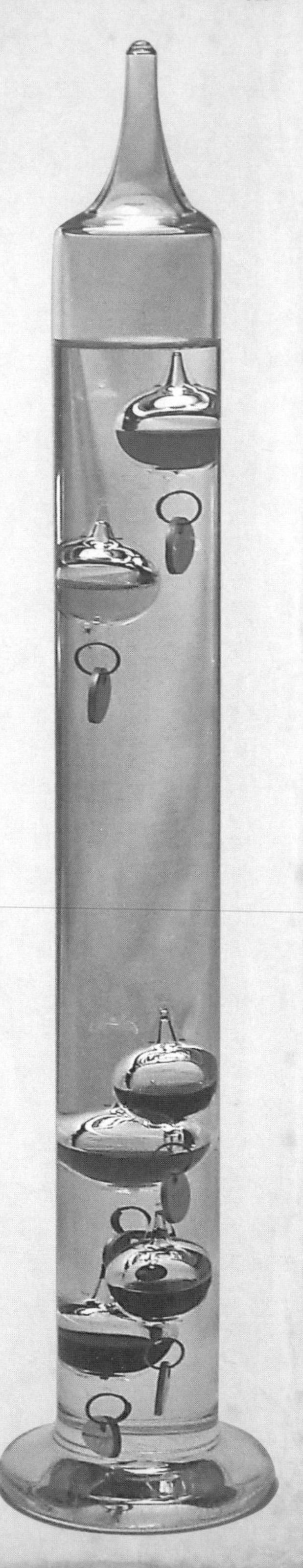

我要抱一條最粗的大腿

從比薩大學離開的伽利略，雖然沒有獲得任何學位，但是他的數學根基透過里奇的指導，已經非常扎實深厚。不過現在對他而言，醫生這條路已經明顯的離他遠去，無法再回頭，但是他還是得想辦法填飽肚子、甚至要有餘力減輕父親的重擔。不過，想要兼得愛情與麵包並非不可能，現在最直接的一條出路就是靠著數學專業找到一份大學教職。此時他製作出比重秤，也在物體重心測量有所突破，並且也替一些學院或是私人團體上數學課，譬如利用圖形透視和數學測量的角度，剖析但丁（Dante Alighieri）地獄的方位、形式與大小。真不愧是一位數學家，觀看文學的角度跟我們果然不同，這些經歷使他在當地還算是小有名氣。即使這樣仍無法擠進大學的教職窄門，他還需要一些有力人士的背書，否則就只能成為流浪教師，過著有一課沒一課的日子。1587 年底，伽利略找上當時在數學界赫赫有名的耶穌會數學家克勞（Christoph Clau），他不但參與陽曆的修訂，也制定出閏年，伽利略可以說非常有眼光，能找到一條這麼粗的大腿。於是他將重心論文寄給克勞看，不料卻沒有什麼正面回應，在經過幾次往來後，克勞直接了當的告訴伽利略，他的大腿可不是誰都可以抱的，就此發給伽利略一張好人卡。雖然之後他也獲得其他人推薦，但是學校總是沒有聘用的意願，事實上我們也可以想像的到學校的反應，因為沒有人會冒險聘用一位名不見經傳且沒有任何正式著作的毛頭小子擔任大學教授。還好又有貴人出現，數學家蒙特（Monte）看到他的重心論文後，非常欣賞這位年輕人，不但請他協助審定自己的著作。兩人也時常通信諮詢意見，蒙特為伽利略不順遂的求職之路感到惋惜，所以積極幫他找尋新的教職。蒙特的樞機主教哥哥也一同下海幫忙，伽利略一下子有了這兩大山頭，簡直是聲勢壯大，不久之後伽利略就被舉薦成為比薩大學的數學教授。

耶穌會

耶穌會在 1540 年成立，在當時是一個非常重要且具有影響力的國際教學機構，主要提供許多國家和學校的人文、哲學和神學課程內容標準，其刊物《教學計畫》內容詳細規定課程教學方式，例如老師的上課內容就必須符合天主教教義與亞里斯多德的內容，若是亞里斯多德與教義有所違背，則要以教義為最優先。耶穌會除了注重神學課程的內容規範，也熱衷於向海外各國傳教，像是我們所熟知的中國傳教士利瑪竇（Matteo Ricci）和畫家郎世寧（Giuseppe Castiglione）都是耶穌會的成員，利瑪竇同時也是克勞的學生，所以這也是為什麼利瑪竇在傳教之餘，也將西方的哲學與數學著作一併帶到中國。

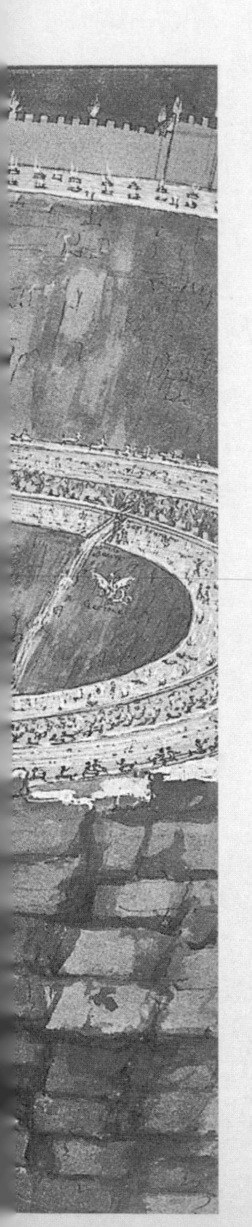

◀ 但丁在《神曲》中所描述的地獄就像是一個上寬下窄的漏斗，並且一共有 9 層，地獄愈往下走，表示身上所負的罪惡愈深重。

▶ 明朝萬曆年間來到中國的傳教士利瑪竇就是耶穌會的成員，他引進西方的天文、地理、數學等知識。他跟徐光啟等人共同翻譯歐幾里得的《幾何原理》，並製作了中國歷史上第一個世界地圖《坤輿萬國全圖》，對於知識與科技的傳播有很大的影響。

史上最重要的「比薩」

你騙人，哪裡有比薩斜塔實驗

1589 年伽利略好不容易靠蒙特兄弟的相助，順利進入比薩大學擔任數學教授。在比薩大學教學的期間對於伽利略而言是一個非常關鍵的時刻，並不是他終於有錢可以在這裡品嘗到許多種類的披薩，而是這時候第一次有時間為往後的物理學和運動學研究埋下種了，還記得伽利略在大學期間對於亞里斯多德的物理概念嗤之以鼻吧！他想要挑戰當中一個概念，就是亞里斯多德認為物體從高處落下時，物體的重量與落下的速度成正比，舉例來說鐵球落下的速度就會比木球快，這是因為鐵球比木球重。嗯～聽起來似乎蠻有道理的，那麼是否有人實驗證明或是反駁呢？當然有啦，伽利略並非是第一個對此提出疑問的人，在 1576 年科學家巴洛就曾在比薩大學做過一個實驗，他拿了兩塊大小相似的木頭和鉛塊，然後從高處丟下，然而神奇的結果出現了，當然不是兩者同時落下囉，比薩斜塔實驗的主角怎麼可能是巴洛，結果竟然是木頭每次都比鉛塊早落下，這可又要怎麼解釋？巴洛認為因為木塊材質疏鬆，因此含有空氣，並且空氣也有重量，所以導致木塊比鉛塊早落下。那到底是亞里斯多德的想法對、還是巴洛的實驗正確，或者是不是還有第三種可能性發生？

一個美麗的錯誤——比薩斜塔

為什麼要稱比薩斜塔是一個美麗的錯誤呢？這是因為建築師不是故意要將比薩斜塔蓋成斜的，本來應該是一座比薩塔或是比薩鐘塔。比薩斜塔的設計師至今仍不清楚，建造時間從 1173 年開始，直到 1372 午才正式完成，這是因為在建造期間發現地基的土層非常鬆軟，又有地下水層，所以建造到一半就開始發生傾斜的狀況，甚至採取後續樓層往反方向建造的補救措施。比薩斜塔高約 54 公尺，一共有 8 層樓，當中 7 層內各放置一口鐘，不過因為怕敲鐘後可能引發倒塌，所以一直沒有撞響過。然而比薩斜塔的傾斜程度不斷增加，最後在 1990 年義大利政府決定開始「扶正」計畫，先在斜塔周邊打下 18 條鋼索穩住塔樓結構，隨後掏出老舊的混凝土，再灌入水泥鞏固地基，終於在 2001 年讓斜塔不要這麼斜，預計能維持屹立不搖 200 年。

▲ 比薩斜塔斜斜的大門入口

▶ 比薩斜塔

救世主革命尚未成功，同志仍需等待

大家趕快讓開，我們的救世主──伽利略，要準備做那個著名的比薩斜塔亂丟東西實驗，不過讓各位失望了，他還在練功，等級還沒衝上來，得先等等。不過我們可以先了解伽利略是從何種角度反駁亞里斯多德的想法，首先他認為要先定義什麼是輕，什麼是重，我們不可以武斷的說木塊比鐵塊輕，而是兩者都必須要以相同的體積來做比較，也就是要參考密度的概念。接著他假設出各種狀況，例如：大家都同意兩塊相同大小的石頭會同時落下，那麼如果把這兩塊石頭黏在一起，這個物體的落下速度是會變快還是不變呢？這樣的假設就顯現出亞里斯多德的錯誤；再者，亞里斯多德也不認為真空是有其存在的必要，覺得物體在真空中是無法落下，但是伽利略卻認為物體在真空中，會不受任何阻力影響，以特定的速度落下，這樣的思考過程對他而言非常關鍵，他開始想要進行一些實驗，並且企圖利用數學來描述物體運動的過程。

當然伽利略也有做了類似的實驗，不過他遇到更奇怪的情形，發現木球一開始會比鉛球快，之後鉛球反而又會超越木球，成為最先落地的物體，天啊！真的出現第三種可能，這到底是怎麼回事？我們的頭腦得先冷靜一下，倒不是因為救世主率先投敵的緣故，而是要好好想像一下什麼才叫做一個符合邏輯和科學原理的實驗。在伽利略的時代，是一個連科學都尚未出現的時刻，我們實在無法苛求這些人能夠做出符合邏輯的實驗。譬如說巴洛和伽利略雖然都是用木頭和鉛做為實驗材料，但是兩人都是用同樣的形狀和大小嗎？或是兩人從高處丟下的高度是一樣的嗎？更別說搞不好兩隻手放開物體的時間也會出現落差。這些林林總總的因素都會影響實驗的結果，所以我們只能說他們「觀察」到各種現象，但是缺乏系統性的整理和驗證，所以不能算是一個完整的實驗。不過巴洛在雙手放開物體前，說出一句名言：「不論最終的結果為何，我們所有在理論上的各種爭辯，都需要靠著『實驗』來解決。」這種精神同樣感染了伽利略，不過他卻要等到 1603 年才獲得正確的結果，這時他得先為其他事情煩惱。

太空人羽毛與鉛球

其實伽利略並沒有在比薩斜塔上進行過我們所熟知的實驗，之後會看到他證明自己想法的實驗反而是利用物體滾下斜面的方式。我們現在了解物體從高處落下會受到空氣阻力影響，所以無法符合伽利略所認為物體重量和落下速度無關的假設。那麼到哪裡才可以找到沒有空氣的地方呢？答案就在月球上，美國阿波羅 15 號登月任務中，太空人大衛．斯科特（David Scott）在月球上，右手拿著鐵鎚、左手拿著羽毛，兩手鬆開後，鐵鎚和羽毛同時落地，完美的證明伽利略的理論。大衛．斯科特的影片可以連上下列網址觀賞這驚人的一刻：

https://en.wikipedia.org/wiki/File:Apollo_15_feather_and_hammer_drop.ogg

情和義，值千金

伽利略在比薩大學的生活似乎過得不錯，我們看到他除了有固定的收入，也開始為日後的研究基礎扎根。不過他本人卻是不太滿意環境，認為薪水不夠。主要是因為父親在 1591 年去世，身為大哥只好被迫扛起一家之主的責任，他薪水除了要維持家中經濟，並且兄代父職，負責張羅家中小妹結婚的聘禮。原本以為弟弟可以早日出社會幫自己的忙，沒想到他追隨父親的腳步，想當音樂家，所以還要負擔弟弟的學費。意想不到的是伽利略喜好社交，常常因為交際應酬而變成月光族，要求加薪和借貸的舉動時有所聞。然而比薩大學只能算是一所中型大學，數學在大學裡只是一門副科，年薪是 60 個金幣，僅是其他主科教授年薪的 1/6。不過，他的研究尚未開花結果，所以拿到這樣的薪水也無可厚非。而且伽利略向來不是一位乖寶寶，因為他不喜歡穿大學教授服，認為這種服裝會妨礙做實驗，甚至還寫詩嘲諷那些老學究享受被學生奉承簇擁的噁心模樣。伽利略自己也心知肚明，這份工作只簽約 3 年，與其他同事相處的情況對續約結果並不樂觀。不過只能說他能遇到蒙特實在太好了，蒙特當然知道他此刻的煩惱，向其他人推薦的腳步從來沒有斷過，簡直是逢人就誇讚伽利略這位年輕人多有潛力。所以在這時候已經幫他安排好，帕度瓦大學的數學教授職缺正乖乖等著他。

▶ 蒙特（Guidobaldo del Monte），義大利的數學家、哲學家與天文學家，是伽利略踏進科學界最重要的貴人。

物理的結束，天文的開始

遇到能終身相挺的朋友

伽利略終於進入當時知名的帕度瓦大學，無論是環境與薪水都比起比薩大學優渥不少，這時候的年薪提高到 180 個金幣。他在大學的課程除了原本的數學以外，也需要額外負責天地學的課程，天地學由字面上來說就是與天文學和地理學有關的內容，這些課程在當時並不算是非常高深的學問，只能算是為大學一年級所開立的通識課程，不過學生們還是對於這些課程異常感興趣，因為他們日後可能會將這類的知識運用在占星術上，然而伽利略對於這類課程興趣缺缺，不像牛頓和波以耳對於占星術有興趣，他對於占星術、煉金術和魔術等邪門歪道嗤之以鼻，所以上課時頂多負責任的認真解說就已經是他的最大極限了，可別強求他還要專研以提出新的概念。

伽利略不是對於亞里斯多德的學說非常感冒嗎？那麼是不是對托勒密的地心說也不屑一顧呢？沒錯，他確實對於地心說有所疑問，反而認為哥白尼的日心說才是符合實際天體運行的系統，但是卻還沒有想到好方法能夠驗證他的想法，畢竟天上的星星都離我們太遠了，無法直接以肉眼觀察，這種想法就只能偷偷的隱藏在心中，直到他收到一本書，一本來自克卜勒的著作《神秘的宇宙》。克卜勒跟伽利略兩人並不認識，只是因為克卜勒託友人將他兩本著作《神秘的宇宙》，帶回給義大利的科學界，希望能吸引到同樣質疑地心說的人。沒想到其中一本竟然就落到伽利略手上，他讀了之後非常高興，終於有人也有同樣的想法，而且還敢於出書發表自己的主張。不過哥白尼和其支持者的下場歷歷在目，他想如果有愈來愈多人的想法跟他一樣，那麼情況可能就會改觀。同時他也可以放心發表研究，吸引更多人的注意，所以回信給克卜勒讚同他的觀點。

▲ 克卜勒（Johannes Kepler）德國天文學家、數學家，他的克卜勒定律，對後世的天文學有很大的影響，也啟發了牛頓發現萬有引力。

一段上班族成為商業大亨的勵志故事

年薪 180 個金幣開始無法彌補伽利略的經濟缺口，首先妹妹婚禮花費與嫁妝已經耗去大半積蓄，雖然小弟終於成為一位音樂家，但是仍當個伸手族，演奏器材和治裝的花費還是要靠大哥買單。這些無法填補的錢坑讓伽利略只能額外兼差，他私下開立大學補習班，並且又當起包租公提供國外大學生食宿，甚至還在家中開設一座儀器工廠，包下大學的儀器製作或是販賣給外界人士。不得不佩服伽利略的商業頭腦，補習班學生也在工廠替老師賣肝工作，用這種方式提高收入，商業經營的手段簡直可比郭台銘、王永慶。雖然學生貢獻出免費的肝幫忙老師工作，不過這種實習經驗以及老師和學生之間的腦力激盪，無論是在收入或是知識上，都確實帶給他們不少收穫。尤其天生手巧的伽利略對於這種工作特別擅長，也樂在其中，所以這段經歷對於他日後的研究發展與儀器發明有著非常重大的影響。

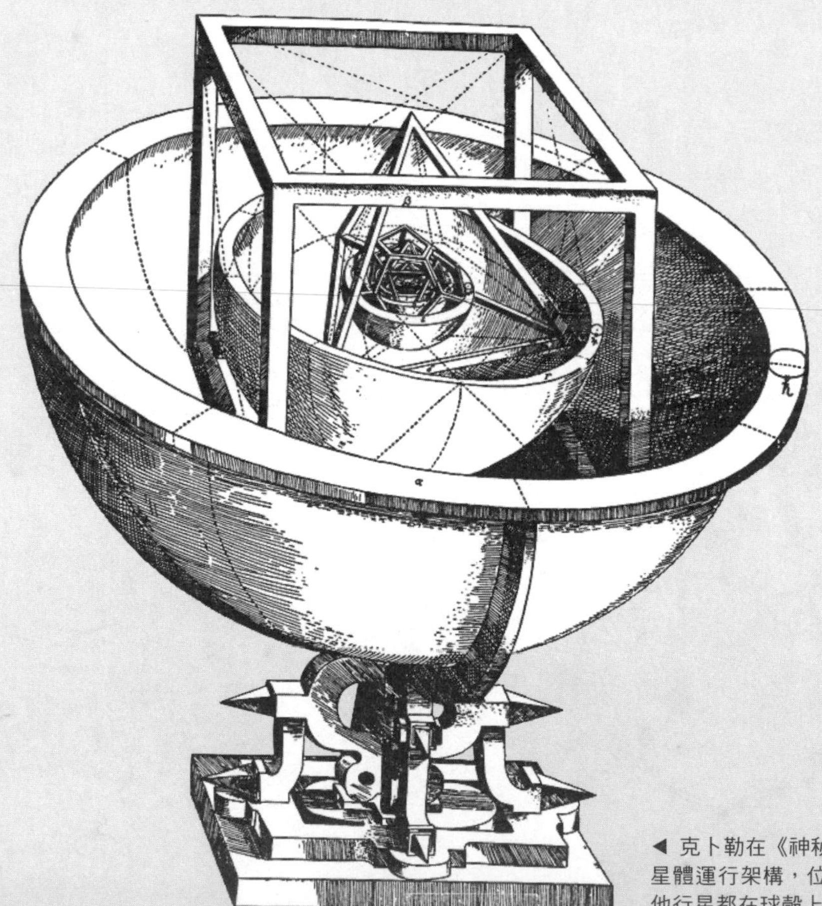

◀ 克卜勒在《神秘的宇宙》中所假設的星體運行架構，位於中心的是太陽，其他行星都在球殼上圍繞著太陽轉動。

伽利略的事業蒸蒸日上，之後還接到世界知名的威尼斯兵工廠邀請，委託研究戰艦中士兵搖槳要如何安排，才能划得最快、最有效率。這趟兵工廠的行程讓他大開眼界，伽利略是位非常入世以及熱衷於應用的科學家，不像那時的哲學家只會在文字中打轉，非常鄙視這些技術人員，認為他們就是小時候書沒讀好，才到工廠當黑手。但是伽利略卻非常讚賞這些人，認為他們面對問題時，能夠仔細的觀察，並且不斷的實驗找出正確答案，這種研究精神不亞於任何一位科學家。最後他從中學習到各種工藝技術，這些有助於他處理力學或是運動學上的問題。

除了解決戰艦搖槳的問題，他也製造出一些儀器。譬如說從 1598 年開始製作一種新式軍事羅盤，可以測量大砲發射砲彈的角度與距離，並且結合羅盤判斷方位的功能，是一種多功能的軍用工具。一位受過訓練的士兵可以很快的利用這項裝置，計算出大砲攻擊目標所需的角度與所能達到的距離，算盤打得精的伽利略可不會放過這個海撈一筆的機會，他不只賣這項產品，也提供士兵的付費訓練課程，並且還有軍事羅盤和說明手冊二合一的配套精省方案，一隻羊剝 3 層皮，你說伽利略是不是想錢想瘋呢！

▲ 伽利略所發明的新式軍事羅盤，羅盤的一端可以放入大砲口，並且依照所需的距離與方位，計算出最佳的砲彈發射角度。

永遠都填不滿的錢坑

不巧的是伽利略的學術生涯並沒有像事業一樣順遂，在帕度瓦大學也要面臨續約的問題。不過問題並非在於續約，憑藉著與兵工廠的合作成果和軍事羅盤的發明，繼續做下去應當是沒有問題，問題點當然還是卡在薪水，他希望能夠大幅加薪。於是找上一位貴族好友薩格雷多幫忙，最後加薪的結果是從先前的180 個金幣調升至 320 個金幣，不過薩格雷多原本希望超過 350 個金幣，最後沒有達成，原因在於大學決策委員並不認為伽利略有這麼好，甚至好到可以提高至 300 個金幣。這個價碼可是連前任教授都沒有達到的水準，伽利略的表現是不錯，但是並沒有優異到無人取代，因此他們告知薩格雷多不用再施壓，不然他們也可以找尋其他替代的人選。

不過就算伽利略的薪水調高將近兩倍，他的日子還是要面對不斷湧出的經濟需求，當中最大的部分是來自於自己。此時他已經是 3 位子女的爸爸，他在 1599 年時就與瑪麗娜開始同居，她為伽利略生下 2 女 1 男，不過在伽利略的生涯規劃中，顯然沒有為瑪麗娜留下一個位子，所以自始自終都沒有舉辦結婚典禮，最後在 1610 年分開。雖說看似無情，但是他還是盡可能妥善照顧子女，負責兒子文生羅所有的教養費用，但卻將兩位女兒送入修道院，雖然這樣的照顧看似不當，不過當時社會風氣還是認為伽利略多少有盡到一部分責任。大女兒維吉尼亞對他非常孝順，兩人時常通信連絡，甚至成為伽利略晚年的支柱。然而小女兒卻跟他疏遠，這是可以理解的。就算是這時候經濟不穩定，但是家中有著子女和瑪麗娜陪伴，而且又有許多學生幫忙，所以在帕度瓦的日子算是伽利略一生當中最快樂的時期。

▲ 伽利略的大女兒維吉尼亞（修女瑪利亞．塞萊斯特），雖然年紀很小就被送去修道院當修女，但終其一生都跟父親保持非常密切的聯繫。

水到渠成的物理時刻

此時伽利略又開始回到自由落體運動，我們知道他先前的落體實驗結果仍有瑕疵，因此他希望能減緩物體落下的速度，以便能得到更好的觀測結果，再加上從這幾年的儀器製作中汲取不少靈感與歷練，所以決定改以球體從斜面滾下作為實驗基礎，結果發現當球體從平滑、幾無阻力的斜面滾下時，球滾動的距離與時間的平方成正比，這表示物體的速度會愈變愈快，並且增加的幅度是固定的，這裡不但透露出加速度的概念，也證實物體下落的速度與重量無關，而且當斜面愈來愈斜，直到接近垂直時，是不是就和自由落體相同狀況了呢！這完全反駁了亞里斯多德的想法，在運動學上取得一大勝利。此外他也發現球體從斜面下滑時，若是沒有受到外界的力量影響，球體就會一直滾動下去，這同樣也打了亞里斯多德一個大巴掌，因為他認為物體的最終狀態應該都是靜止不動，這才符合宇宙的道理。

伽利略希望這些成就能讓自己在職位上更上一層樓，而你是否在想伽利略是不是一位喜好功利的人，一直想要往上爬，賺取更多錢，雖然這可能是一部分原因，但是他也是希望能有一個專心研究的地方，以及極為渴望被眾人視為一位真正的科學家，而不是只會計算數字的數學老師，所以他整理在帕度瓦大學的研究，將自由落體的結果推廣至軍事用途，譬如說計算砲彈的路徑，並且細數自己所發明的工具，目標是希望成為托斯卡尼大公爵的研究教授，這些手段不是什麼難事，伽利略極為擅長利用廣告話術包裝自己，不過顯然這些推銷不太夠力，他還是無法獲得青睞，直到 1609 年他手握一項終極神兵，不但讓自己登上高峰，也開啟天文的新時代。

▼ 伽利略的自由落體實驗

窺視天文世代的間諜鏡

落漆的占星術

令人稱羨的大學教授卻還是無法讓伽利略滿意，不時要在收支和例行教學工作上頭打轉，都在他的研究上設下重重阻礙。僵化的公務員體系以及繁瑣的規定並不容許伽利略享有不教課的特權與自由找尋研究主題，所以他才一直想與王公貴族打好關係，希望能成為皇室麾下的科學家。這麼一來他不但有龐大的經費，也可以自由自在的選擇研究題目。1605 年開始出現一點點機會，他成為托斯卡尼皇室王子科西摩（Cosimo）的暑期家教，除了幫王子補習外，還為了討好這位未來的貴人，特地從朋友薩格雷多買來一塊強力磁鐵，打造成一具可以吸取重物的機械裝置，獻給王子作為科學收藏品。在 1609 年王子的父親托斯卡尼大公爵病危時，甚至主動請纓替大公爵占卜吉凶，不過結果當然是出包啦！應該還記得伽利略根本就不屑占星術等旁門左道，替學生上課都已經是在難為他了，又怎麼能期待他會算對呢！還好最後勉強以數據不足自圓其說，卻也可以看到他為了攀上關係，連再討厭的事都願意做。後來大公爵去世後，他的學生科西摩王子繼任大公爵的位子，不過不知道是不是伽利略教得太爛，還是占星術的結果「落漆」，「一人得道，雞犬升天」並沒有發生在他身上。就這樣每次總是差了那麼一點點，雖然受到別人的推薦也無法再進一步，直到他把握住一個消息。

反敗為勝的間諜鏡

1609 年的夏天，義大利科學界得知有一個新玩意，叫做間諜鏡，是由荷蘭人利普塞（Hans Lippershey）製造。這個新奇的東西是一根長長的管子，有一端比較細，另一端比較粗，細的部分有一枚凹透鏡（目鏡）、方向朝著眼睛；粗的部分則是一枚凸透鏡、方向朝著景物（物鏡）。人們從這個間諜鏡所看到的物體可以變大好幾倍，將遠處景物看的一清二楚。比這個間諜鏡更神奇的是，伽利略在同年秋天已經抵達威尼斯議會，向議員們展示自製的間諜鏡。我們並不清楚伽利略是自己發現這種鏡片組合，還是已經看過荷蘭人的設計。無論如何這台間諜鏡具有 8 倍的放大能力，就算是最新、最高的瞭望台也都望塵莫及。伽利略積極的向議員們說明此儀器的軍事用途，不但放大遠處來犯的軍艦，至少可以爭取兩個小時的反應時間，並且也能從遠處觀測敵人的軍事部屬。這次展示的結果讓議員們非常高興，伽利略也非常識時務的雙手免費奉上作品。議員並非省油的燈，深知天下沒有白吃的午餐，為了獎勵伽利略對於政府的貢獻，決議將他的年薪一舉提高至 1000 個金幣並且終身有效。這點價碼對於政府來說根本不算什麼，給再多都沒問題，因為伽利略所做的間諜鏡無人能出其右，其間諜鏡超越利普塞的設計，改以平凹透鏡和平凸透鏡的組合，雖然伽利略本人對於製

作的方法並未特別保密，但是其他人無法仿製的原因在於卓越的磨製技術與原料。他研磨透鏡的技術非常高深，他發現透鏡在研磨的過程中，鏡片外圍的精確度總是比不上中間部分，所以一開始就研磨比實際透鏡尺寸更大一些的鏡片，最後再去除周圍的鏡片，這樣就可以提升透鏡整體的精確度。他還知道品質最好的透鏡，並非來自於軍事重鎮的威尼斯，而是他的家鄉佛羅倫斯。因為伽利略知道這些眉角，所以大家一致公認他的間諜鏡品質最好，並且往後 20 多年間沒有人可以超越伽利略的設計。

▲ 伽利略正向威尼斯議員說明間諜鏡的功能

▲ 現存最早的伽利略顯微鏡複製品（背後的兩幅畫是伽利略所繪製的月球表面）

漢斯 · 利普塞

他是一位荷蘭的眼鏡製造師，據說在跟兩個小孩子玩透鏡的過程中，發現了製作望遠鏡的點子。但利普塞的發現也不是獨家，1608 年他向荷蘭國會申請專利時，另外一個眼鏡製造師也同時要求享有望遠鏡的專利權。不過，因為這個簡易的望遠鏡非常容易複製，因此最終兩個人都沒有拿到專利。

來自星星的麥迪西公爵

間諜鏡對於伽利略而言，不單只是當作一件讓自己升官發財的貢品，旺盛的好奇心對於科學家更是最基本的必要條件。於是他開始把視野從追求榮華富貴，轉向天空探知天文學的奧祕。這項轉動造就了他不亞於力學、運動學上的成就，但卻也成為下半人生苦痛的開始，這所謂的先樂後苦，正是往後日子的最佳寫照。伽利略首先發現木星具有 4 顆衛星，並且圍繞著木星轉動，這證實天空中確實還有許多其他肉眼看不見的星星存在；再來他觀察到月球的表面不如世人所想像的平滑無暇，也沒有中國人所說的吳剛、嫦娥和兔子等不明生物出現，而是充滿坑洞與山谷。他非常高興自己能有這麼大的發現，這些星星也成為他足下的踏腳石，一方面預計將這些資料撰寫成書《星際信使》，另一方面他與托斯卡尼大公爵取得聯繫，預計將這四顆衛星以公爵家族的姓名為名，稱為麥迪西星。除此之外，他也將最新的 20 倍間諜鏡連同《星際信使》獻給公爵。

托斯卡尼大公爵御用首席哲學家

伽利略再度故技重施，不過這次手上的籌碼可不一樣了。他重新向大公爵推銷自己，說明現在的處境，提到雖然先前間諜鏡的成就已獲得威尼斯議會讚許與加薪，但是所觀察到的天文現象，並不受到當地的學術界支持。大家似乎忌妒他所獲得的成就，不斷的出言毀謗。雖然目前收入算是優渥，再加上補習班和工廠的補貼，確實可以過著不錯的生活，但大學教課與兼差工作卻要花去許多時間，根本無法全心從事研究。因此希望能在大公爵底下擔任科學家，免除教學的繁瑣事務。這對大公爵而言簡直是小菜一碟，天上不但高掛自己家族姓名的星星，可讓後人瞻仰，以他為名的《星際信使》銷售一空，名聲更遠傳英國國王，更何況這位科學家似乎在未來可以進一步提高他的威望。於是爽快答應伽利略的要求，在 1610 年正式成為「托斯卡尼大公爵御用首席哲學家」。不過他的友人並不認為這是項好決定，畢竟先前已經接受過威尼斯議會的加薪與留任，但是不到短短一年就為了更好的待遇，跳槽離開帕度瓦大學的教職，這對於一個學者而言，在道德上難免有所瑕疵，就我們現在看來，這項決定卻讓他更接近教會的權力核心，讓他原本就頗為「顛覆」的研究更受到保守教廷的關注，使自己陷入險境之中。不過此時的伽利略還有一件事要做，在接到許多反對的聲浪之下，他希望獲得學術界的認可，或是有其他人能夠站出來證實《星際信使》的內容沒有錯誤，於是要「拖一個替死鬼下海」。

▶《星際信使》中記錄著木星衛星的伽利略手稿，可以看到右下角記錄木星具有 4 顆衛星。

Ser.mo Principe.

Galileo Galilei Humiliss.o Servo della Ser.tà V.a invigilan=do assiduam.te, et con ogni spirito per potere non solam.te satisfare al carico che tiene della lettura di Matematiche nello Stu=dio di Padova,

Scrivere d'avere determinato di presentare al Ser.mo Principe l'Occhiale et di poter essere di giovamento inestimabile per ogni negozio et impresa marittima o terrestre stimo di tenere que=sto nuovo artifizio nel maggior segreto et solam.te a disposizione di S. Ser.tà L'Occhiale cavato dalle più recondite speculazioni di prospettiva ha il vantaggio di scoprire Legni et Vele dell'inimico per due hore et più di tempo prima che egli scuopra noi et distinguendo il numero et la qualità dei Vasselli giudicare le sue forze pallestirsi alla caccia al combattimento o alla fuga, o pure ancora nella campagna aperta vedere et particolarm.te distinguere ogni suo moto et preparamento.

Adì 7. di Gennaio Giove si vedde così * * ♃ * così:

Adì 8 così: ♃ * * * — 10. ♃ * * * — 11. ♃ * * *

era dunq. diretto et non retrogrado

Adì 12. si vedde in tale costituzione * * ♃ * così:

Il 13 si veddono vicinissime a Giove 4 stelle * ♃ * * * o meglio così * ♃ * * *

Adì 14 è nugolo

Il 15 ♃ * * * * così: la pross.a a ♃ era la min.e la 4.a era di=stante dalla 3.a il doppio incirca.

Lo spazio delle 3 occidentali non era maggiore del diametro di ♃ et e=rano in linea retta.

♃ long. 71.38 lat. 1.13

木星與伽利略衛星

木星是太陽系中最大、最重的行星，主要組成成分是氫、氦等氣體，外表最明顯的特徵是在南半球的一塊大紅斑，這塊大紅斑是一個巨大的風暴，範圍比地球還大，根據記錄這場風暴最少從 1831 年就持續至今。木星最早的觀測歷史可以追溯至西元前 7 世紀左右，但是直到伽利略利用望遠鏡觀測，才發現木星周圍環繞著 4 顆衛星，不過實際上木星至少具有 67 顆衛星，伽利略所發現的是當中前四大的。有趣的是，後人不再以麥迪西為這 4 顆衛星命名，而將這 4 顆衛星通稱為伽利略衛星，並且進一步個別稱為木衛一、木衛二、木衛三以及木衛四，當初的麥迪西大公爵如果知道了，在黃泉之下恐怕會氣的跳腳。

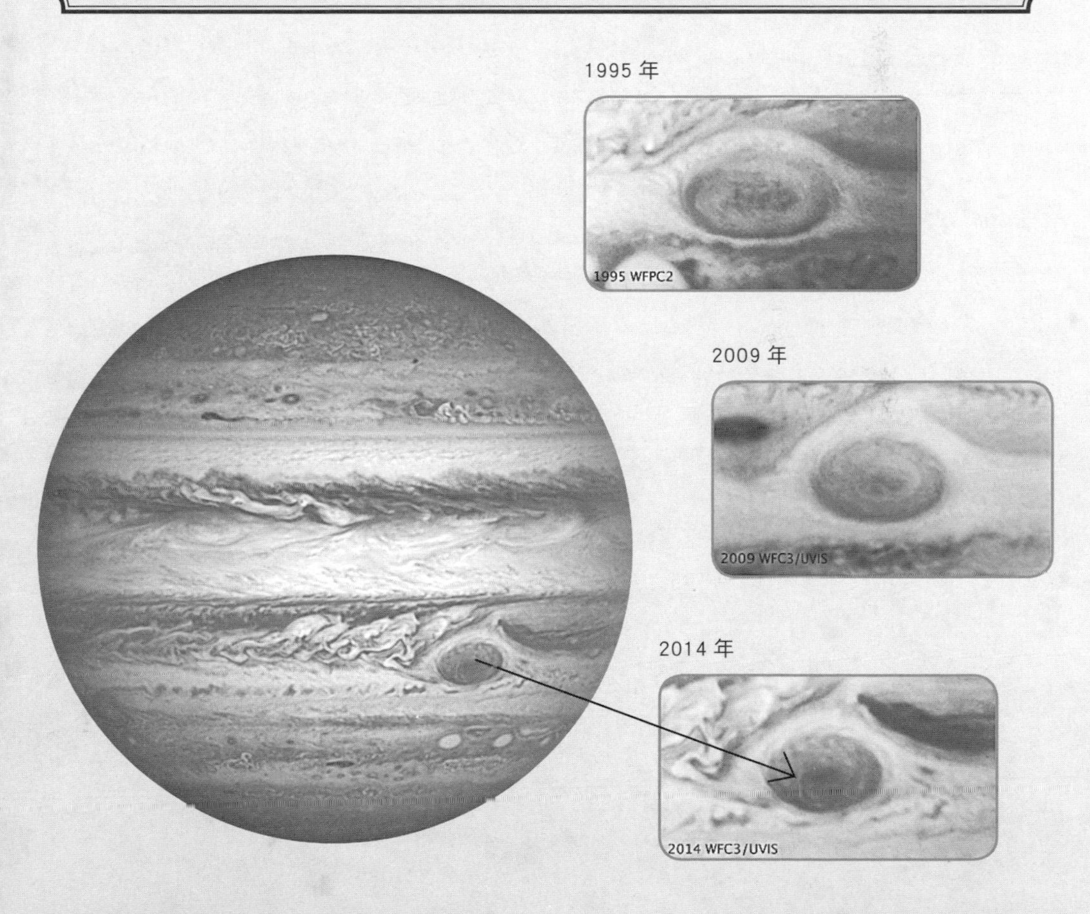

▲ 木星與其著名的大紅斑（箭頭處）。由照片的日期可以知道，雖然大紅斑至少持續了將近 200 年，但是似乎會隨著時間而逐漸縮小。

▶ 木星大紅斑與伽利略衛星的大小比較，衛星從上至下依序為木衛一至木衛四（此圖經過重新排列，彼此間的距離不具正確性）。

科學就是不斷的戰鬥

書蟲大戰間諜鏡

伽利略在當上大公爵的首席哲學家前，曾說過他的天文學成就不受學術界所肯定。這件事並非是為了強調自己的委屈而瞎掰，實際上當《星際信使》一發行後，反對的聲浪也隨之而來，這是可以想像的，因為所揭發的事實一點一滴的刺痛擁護托勒密地心說的學者。所以如果想站穩地位，就必須要有一座堅強的「靠山」。此時精明的伽利略已經將這本書送到克卜勒手上，克卜勒雖然還沒有利用間諜鏡觀察過天空，但是他看過書後，認為伽利略的觀察與研究方式絕對具有可信度。所以立即回信表達贊同，並且鼓勵伽利略繼續研究。那麼反對的人是否也曾拿起間諜鏡觀察呢？可笑的是這些死腦筋的學者寧願死抱著亞里斯多德的著作不放，像個書呆子努力翻找著舊文獻指責伽利略，認為他只不過對間諜鏡鏡片動手腳，點上幾粒黑點，再望向天空，就自以為把這些黑點當作驚人的秘密。這些只會出一張嘴，也不願拿起手上的間諜鏡看看天空的書蟲，恐怕就連克卜勒也會為這種荒唐的行為而發笑吧！

雖然伽利略懶得理這些書呆子，但是大公爵的名聲可不能不顧，要是他一個不留神，讓這些書呆子說服大公爵，那麼自己的首席哲學家職位可能不保。這時他已經搬往佛羅倫斯，在大公爵的宮廷中工作，並且也在家中架設新的鏡片磨製工作室，加緊大量生產間諜鏡。除了在公爵的領地販售，也外銷至法國、英國、西班牙、奧地利等各國。只要愈來愈多人拿到他所生產的新式間諜鏡，同樣也會觀察到木星衛星，那麼這些迂腐的學者就會閉上他們的嘴。伽利略的手在努力磨製鏡片，他的嘴也沒有停過，不斷的回應外界批評，甚至有次知道一位敵手去世，他好心發了一則哀悼的文字，預祝這位偉大的教授在前往天堂的途中，能夠替他向麥迪西之星打聲招呼。你說伽利略嘲諷的能力是不是修練到頂點！

可憐的反對者在翻書的任務上似乎永無止盡，因為伽利略又繼續朝這些人的痛腳踩。他發現土星的形狀很奇怪，似乎是由三顆星球所組成，好像跟木星一樣周圍都有衛星相繞，所以他寄給克卜勒一則奇怪的字謎，信上只寫了一行神秘的文字：「SMAISMRMILMEPOETALEUMIBUNENUGTTAIRAS」，意思是「ALTISSIMUM PLANETAM TERGEMINUM OBSERVAI，我所觀察的那顆最遠的星星（土星）是由三個部分組成」。你看得出來這是怎麼轉換成的嗎？這實在是難為克卜勒了，他不但要好好當一位科學家，還要應付伽利略所交來的解謎任務。不過伽利略真的要感謝克卜勒的支持，其實伽利略並不是位好相處的人，從他的字謎訊息就可以看出，他不太相信任何人，有時也對科學家同儕流露出輕視的態度，然而克卜勒對此並不在意，反而時常在關鍵時刻為他辯護。

來自羅馬星鬥士的勝利

除了木星的觀測紀錄以外，伽利略還發現了一個足以證實哥白尼日心說的證據，那就是金星像月亮一樣具有盈虧，這是需要地球和金星環繞太陽才有的現象。雖然這並無法完全證明日心說的架構，但是最少可以證明地心說是有問題。當然書蟲也不是軟綿綿的，地心說或許不完美，與事實可能會有出入，那麼只要對地心說稍稍修正就好，像是丹麥天文學家第谷（Tycho Brahe）就提出所有的行星會繞著太陽轉動，形成一個小太陽系，但是最重要的是這個小太陽系卻還是繞著地球運行。這些修正說法都是說明擁護者的決心，那就是地球在中心的精神絕不可以退讓。然而伽利略也不是省油的燈，面對挑戰與質疑向來是主動出擊，他認為要是能取得天主教廷的背書，那麼就可以掃除宗教上的阻礙，於是在取得大公爵的同意後，在 1611 年前往羅馬為自己的主張辯護。

伽利略抵達羅馬後受到托斯卡尼大使的盛情款待，甚至出乎意料之外的沒有受到教廷排斥，甚至還獲准晉見教宗保羅五世，順道再與教士們進行熱烈的討論。當中耶穌會的成員分享他們也觀測到木星的四顆衛星、金星的盈虧、甚至還說他們看的土星是橢圓形的，認為其他人對伽利略的攻擊令人可笑。這讓伽利略非常滿意這趟旅程，緊接而來的一場宴會更是讓此次的旅程達到最高潮。林西學院為伽利略舉辦一場宴會。林西學院是由賽西（Cesi）侯爵於 1603 年所成立，這所新興的學院不僅侷限於研究文學，也崇尚自然哲學與數學。不過學院才剛起步，尚未能在學術界上佔有一定地位，聰明的侯爵立刻邀請伽利略加入學院成為會員，隨後陸續也有許多科學家加入，因此成為一個具有影響力的科學團體。雖然這個學院是因為伽利略而開始出名，不過賽西侯爵強大的行政能力與財力，以及主動協助會員出版著作，才是學院逐漸步入軌道的關鍵。伽利略非常適應這個科學圈子，從中結交到許多志同道合的朋友，宴會中伽利略的間諜鏡也被賽西侯爵正式命名為望遠鏡。

▲ 位於在義大利羅馬的林西學院建築物

▲ 林西學院的象徵動物—山貓（lynx），林西的義大利文意思為山貓之眼，創辦人賽西侯爵希望會員們都能如山貓銳利的視野，找尋科學的真理。

然而這時教會的黑手正悄悄接近伽利略，有位樞機主教向耶穌會詢問對於伽利略研究天體的想法。他們向主教報告望遠鏡的確可以看到前所未有的星空，不過星空是否由各種星體組成，或是月球表面是平滑還是布滿坑洞尚無法驟下定論。但是金星的盈虧，和木星衛星確實是存在的。這位主教從這些教士猶豫不決的態度，開始對伽利略起了疑心，認為他有可能企圖透過這種觀察來推翻聖經的內容。不過調查的結果還顯示不出任何跡象，只好暫時作罷。而從伽利略的角度來看，這些教士過於謹慎的態度讓他厭煩。雖然他們贊同自己所看見的事實，但是基於聖經教義和地心說的觀點，他們無法再多做解釋，不過不管如何，這代表教會認可他的發現，對於伽利略來說可是一大勝利，並且將這場勝利獻給背後的金主大公爵。

土星的衛星與行星環

伽利略所觀察到土星由三個星體組成，其實並非是看到土星和他的兩顆衛星，而是看到土星以及它的行星環，只是因為伽利略的望遠鏡已經逼近觀看土星的極限，無法觀察到完整的外觀。土星的行星環並非水平，所以伽利略才會有時看到環、有時又消失；耶穌會教士看到土星呈現橢圓形也是因為行星環的關係，要等到 1655 年，荷蘭科學家惠更斯（Christiaan Huygens）才利用自己製作的望遠鏡確認土星環的存在。不過土星確實有衛星存在，目前已經確定有 62 顆。另外一個有趣的特性是土星是太陽系中唯一密度比水輕的星球，所以把它放在水中，搞不好會浮上來喔。

▼ 土星與土星環

望遠鏡聯盟 vs. 鴿子聯盟

大公爵當然很滿意他的首席哲學家在羅馬出盡鋒頭，對於王公貴族來說，這種科學力量的勝利，就等同於統治權力上的一種宣示，並且還可以透過舉辦科學家的辯論會，來宣揚自己的國威。想當然爾，伽利略不會放過這種機會，尤其他已非吳下阿蒙，接下來自亞里斯多德敵營的戰帖，替大公爵出戰。辯論會的第一個題目是濃縮與稀薄化的現象，討論的是水變成冰到底是濃縮還是變稀薄。對手認為水變成冰是濃縮的現象，但是伽利略卻認為是變稀薄，因為根據冰會浮在水面上。對手當然不以為然，辯說冰之所以浮在水面上，是因為形狀扁平無法穿越水面的關係。伽利略冷笑幾聲，因為他早已掌握阿基米德的概念，物體是浮是沉，決定因素是密度，就是這個關鍵，他打得在場所有對手滿地找牙，說：「在場的各位都是魯蛇，只有密度才是最強的武功。」對方主將科隆比（Colombe）當然不會甘願認輸，雖然嘴上功夫暫居下風，但是還可以打筆戰。不料這只是苟延殘喘，兩方陣營來往的信件流傳各地，大家只見到伽利略嘲諷的攻擊，把對手修理的體無完膚，最後樞機主教巴貝里尼（Barberini）出來主持公道，宣布伽利略拿下勝利。那麼巴貝里尼是何許人，他其實也是托斯卡尼人、更是伽利略的比薩大學校友。所以說啦，裁判也是伽利略的人，科隆比是要怎麼鬥，而巴貝里尼之後接任教宗，也成為伽利略的重要支柱。可憐的科隆比不但輸的徹底，就連名字也被拿來取笑，因為義大利文的科隆比是鴿子的意思。所以那一派人被戲稱為鴿子聯盟，面對科學問題，只會咕～咕～咕～。

▲ 托斯卡尼大公爵非常高興看到他的首席科學家伽利略在浮體的辯論會上取得勝利。兩人也一直保持良好的友誼，之後在伽利略遭受教廷不平對待時，也竭力替他爭取最大的寬恕。

免於審判的僥倖

太陽黑子之爭

麥迪西之星、金星盈虧、土星外形，當伽利略透過望遠鏡發現愈多真相時，他似乎被眼前的成功沖昏頭，也高估自己與林西學院的影響力，誤以為自己的研究成果已經受到教廷的背書，認為重振哥白尼名號的時機已經成熟，天真的他孰不知反撲的力量正等他自投羅網。伽利略在 1611 年又有重大的天文發現，他在利用望遠鏡觀察太陽時，發現太陽上有黑點存在——太陽黑子，更重要的是有些黑點還會規律性的消失與出現。他除了記錄黑點出現的時間點與週期外，也篤定認為這種現象是因為太陽轉動的關係。伽利略非常高興，因為他手上又多了一把痛擊亞里斯多德擁護者的神兵，原因在於亞里斯多德認為月球以外的天體屬於以太，是一種恆久不變的物質。然而這些太陽黑子有時會變化大小或是規律出現，所以這些觀測結果惡狠狠吐槽亞里斯多德的主張。

伽利略並非是唯一或是率先發現太陽黑子的人，早在前一年，英國科學家哈里奧特（Thomas Harriot）就曾有過類似的觀測紀錄。在伽利略因太陽黑子而開始著手準備出版相關文章的同時，耶穌會的教士施納（Scheiner）也看到同樣結果。然而這項發現對於耶穌會實在太過刺激，簡直是碰觸到教義禁忌的底線，施納的主管建議他以筆名阿佩萊斯，發表文章《觀察太陽黑子的三封書信》。阿佩萊斯是一位古希臘畫家，相傳他會躲在自己畫作後面，偷聽賞畫人的心得。可以想見施納此時正處於矛盾的處境，希望隱身於著作背後，藉此觀察世人的反應。不知該說伽利略太有自信、還是太愚笨，他大喇喇的將觀測結果集結出書《太陽黑子書簡》，挑明了反對亞里斯多德的立場，甚至在內容開頭就說自己是太陽黑子的首位發現者。我們只能說伽利略犯了大頭症，雖然大家因為他的望遠鏡而受益，但是意圖將望遠鏡所衍生出的發現也納入自己的成就，實在為他引來前所未有的麻煩。

有點畏縮的阿佩萊斯和大頭症伽利略正式因為太陽黑子而槓上，阿佩萊斯不滿伽利略逕行宣稱自己是首位發現者。伽利略則一貫的嘲諷這位阿佩萊斯只是躲在暗處的膽小鬼，不敢以真面目示人，拿他的望遠鏡做研究也不知感恩。阿佩萊斯堅守聖經與亞里斯多德的立場，認為這些太陽黑子只是介於月球與太陽之間的小行星，所以太陽還是亙古不變。伽利略則說你連太陽黑子都還不清楚是什麼東西，就這樣妄下定論，更何況只要用望遠鏡仔細觀察就會知道，太陽黑子的位置比月球還遠，並位在太陽表面，我的望遠鏡在你手上簡直就是糟蹋了。此時伽利略或許知道阿佩萊斯是誰，或許知道他來自耶穌會，無論如何這表示伽利略與原本友好的耶穌會開始出現裂隙。

太陽黑子

太陽黑子是太陽表面的強烈磁場活動而產生的現象。由於這種磁場活動會降低太陽表面的溫度，當這區域的溫度比周圍低上不少時，看起來就會是比較暗。這種現象具有週期性，大約每 11 年就會群體出現，平時很少單獨產生。目前所知最早的觀測紀錄是在西元前 364 年，由中國戰國時代的齊國天文學家甘德所記錄。因為太陽黑子是一種強烈的磁場活動，所以嚴重的話會造成地球磁場變化、氣候變動、甚至是影響電子用品與通訊。由於太陽光線強烈，所以千萬不要以肉眼觀察，以免視力受損，最好的方法是將望遠鏡對準太陽，再將目鏡對向一張白紙，將影像投射在紙上，這樣就可以安全的觀察太陽黑子。

▶群體出現的太陽黑子

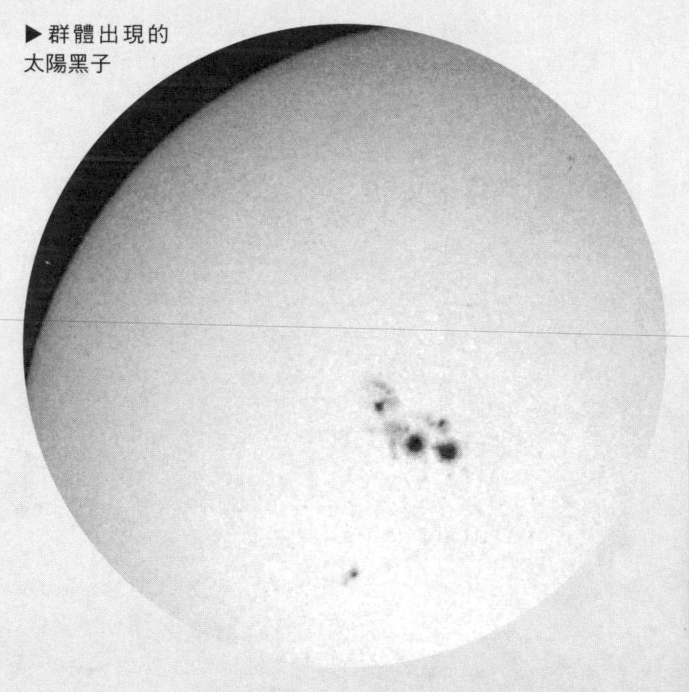

▶圖中為瑞典太陽望遠鏡，是用來專門觀測太陽黑子的望遠鏡。由於觀察對象是太陽，所以不需要考慮集光的能力，口徑也就不用太大，此鏡口徑為 1 公尺。然而太陽光聚焦時會產生大量的熱，所以望遠鏡內部通常是真空的狀態，以避免高溫干擾觀測結果。

報告伽利略，風向變了

卡斯特利是伽利略的一位愛徒，從帕度瓦大學的教書時期，就一直跟隨伽利略至今。因此卡斯特利可說是繼承了伽利略完整的思想與工藝技術，他的嘲諷和擁護哥白尼的態度根本不輸給老師，例如幫忙回覆鴿子聯盟的辯論信件以及替伽利略繪製太陽黑子的圖畫。但有時他的做法激烈到令人不安，所以進入比薩大學任教時，就被校方警告不得在課堂上教授日心說。當初最得力的愛徒，卻因為不小心在大公爵家族的聚會上失言，導致他變成陷師父於不義的豬隊友，我們只能搖頭嘆息，卡斯特利口無遮攔的個性更勝於伽利略。大公爵每年冬天都會舉家前往羅馬度假，雖然是假期，大公爵仍然會定期接見訪客，以獲取國內外最新資訊。卡斯特利當然列於受訪的客人中，大公爵親切詢問是否有麥迪西之星的最新消息。大公爵的母親在場也問了一些有關於聖經內容與伽利略研究之間的關係，傻傻的卡斯特利當然說明「伽利略研究支持哥白尼的學說，並且日心說才是實際存在的系統」。大公爵的母親並非等閒之輩，她是異常虔誠的天主教徒，對於教義深信不已，雖然表面上點頭稱許伽利略的努力，但是心裡當然不是滋味，導致這場聚會意外擦出災難般的火花。天真的卡斯特利還以為自己又為伽利略取得一場勝利，立刻寫信給老師說明戰果，不知情的伽利略甚至還寫信給大公爵母親，進一步解釋聖經內容確實在科學上有所不足。而聖經本意是教人向善，至於科學就留待給我們來研究發現。

1614 年道明修會的教士卡西尼（Caccini）在一場佛羅倫斯的教堂傳教裡，大聲斥責伽利略對於聖經的褻瀆，將他與擁護者打成「妖術的打手、宗教的公敵」。雖然宗教人士都認為這項控訴過於偏頗，紛紛指責卡西尼，卡西尼的上司也代為向伽利略道歉，然而這個小插曲卻顯現出現實的風向開始轉變。不甘被指責的卡西尼手上拿著伽利略、卡斯特利與大公爵母親來往的書信抄本，打算前往羅馬教廷告御狀，他自信能徹底揭開伽利略這魔頭的真面目。卡斯特利實在太不小心，他與朋友分享的書信已經廣泛流傳至各界，甚至有些內容可能遭到竄改，伽利略認為這件事確實已經失控，並且也有必要再一次前往羅馬，再為自己辯護一次，想起上次羅馬歸來的勝利，他也顯得自信滿滿。

幸運似乎即將耗盡

這次伽利略同樣帶著托斯卡尼大公爵的允許與祝福前往羅馬，不過托斯卡尼大使卻顯得愁眉苦臉。因為大使知道羅馬的氣氛已經轉變，對於伽利略爭議的討論瀰漫於教廷廊柱之間，他不能理解為何這時伽利略還要堅決前來，並且也無法向大公爵保證他是否能平安回國。伽利略抵達後依舊拜訪許多支持他的人士，甚至透過大公爵的表弟──樞機主教奧西尼（Orsini），幫忙轉交他的新著作給教宗。不過教宗拒絕接受，他先招來樞機主教貝拉密（Bellarmino）商量此事，還記得先前有位樞機主教曾經就木星衛星等事，詢問過耶穌會的意見。沒錯，這位樞機主教就是貝拉密，人稱「對付異端的鐵鎚」，這下子伽利略的處境非常不利，更糟的是教宗最後決定直接將伽利略的爭議事件交由宗教委員會審理。1616 年宗教委員會就伽

利略的兩點主張進行討論：

1. 太陽是世界的中心，因此不會像地球一般移動。
2. 地球不是世界的中心，也不是固定不動的，而是會像其他行星一樣週期運行。

委員會討論的結果當然是這兩點完全違反聖經，認定為異端學說。幸運的是教宗與貝拉密為了顧及大公爵的顏面，由貝拉密私下傳喚伽利略至住所，說明委員會的決議，並且警告他不得再以口說或是筆寫等方式宣揚哥白尼的思想。同時教宗透過禁書書目審定會正式宣布：哥白尼的日心說是錯誤並且明確違反聖經的內容，哥白尼的《天體運行論》則是要禁止流通發行，並且即日起開始進行新版修訂，將《天體運行論》內容改正為不確定的假說與推論後，才可重新印製發行。伽利略終於深刻體會到教廷堅決捍衛地心說的態度，也了解只要一切觀測或是運算結果都宣稱是自己的假設，不會干擾地心說等「事實」存在的話，那麼一切好談，他現階段只能同意這些條件，以換取清白無損的名譽回到佛羅倫斯。

INDEX LIBRORVM
PROHIBITORVM,
CVM REGVLIS CONFECTIS
per Patres a Tridentina Synodo delectos,
auctoritate Sanctiss. D.N. Pij IIII,
Pont. Max. comprobatus.

VENETIIS, M. D. LXIIII.

▲羅馬教廷在 1616 年後所頒布的禁書目錄，內容正式將哥白尼的《天體運行論》列為禁書。

◀ 人稱為「對付異端鐵槌」的樞機主教貝拉密

鹹魚似乎翻身

埋藏不幸的掃把星

1618 年，54 歲的伽利略雖然還不到遲暮之年，但是已經飽受疾病之苦，不斷在痛風、腎病、疝氣等舊疾之間打轉，精神也變得萎靡不少，更無暇觀察天空中出現難得一見的異像。這年從 9 月開始至 11 月結束，夜空一共有三顆彗星閃逝而過，雖說彗星嚇不倒這年代的人，但是這可是從望遠鏡發明以來，首次造訪地球的彗星，所以科學家們無不把握機會，希望透過望遠鏡找出彗星的成因。雖然伽利略身體在接近年底已經開始有些好轉，但是卻對彗星沒什麼興趣。原因除了彗星的移動很快，望遠鏡很難對準觀察，並且放大倍率也不夠，所以充其量只能看到模糊的外貌。再者，伽利略難得有一件事情和亞里斯多德意見相同，那就是他們都認為彗星只是地球大氣層的一些擾動現象，談不上是個完整的星體。但是你曉得伽利略是最禁不起刺激的人，一旦有人發表與其意見相左的看法，那麼他的嘴巴和手就忍不住癢了起來，然而他卻沒有想過有時還是要「得饒人且饒人」。

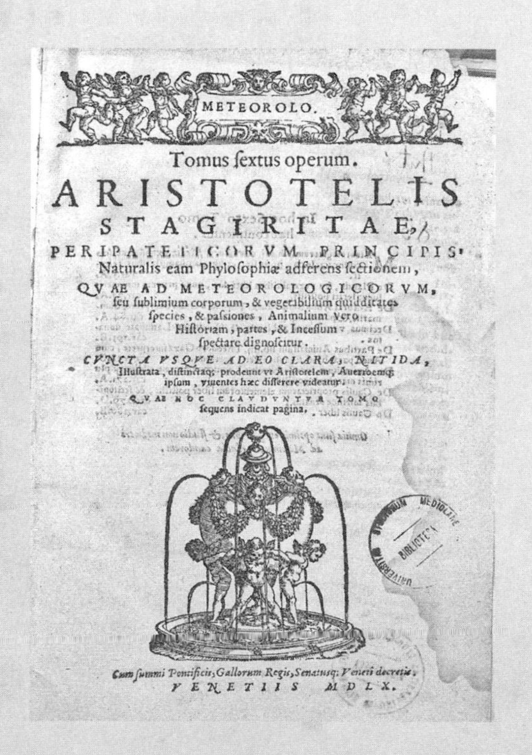
METEOROLO.

Tomus ſextus operum.

ARISTOTELIS

STAGIRITAE,

PERIPATETICORVM PRINCIPIS

Naturalis eam Phyloſophiæ adferens ſectionem,

QVAE AD METEOROLOGICORVM,

ſeu ſublimium corporum, & vegetabilium quidditates

ſpecies, & paſsiones, Animalium vero

Hiſtoriam, partes, & Inceſſum

ſpectare dignoſcitur.

CVNCTA VSQVE AD EO CLARA, NITIDA,

Illuſtrata, diſtinctaq; prodeunt vt Ariſtotelem, Auerroemq;

ipſum, viuentes hæc diſſerere videatur.

QVAE HOC CLAVDVNTVR TOMO

ſequens indicat pagina.

Cum ſummi Pontificis, Gallorum Regis, Senatusq; Veneti decretis.

VENETIIS MDLX.

▲ 亞里斯多德的著作《天象論》，內容說明彗星、流星、極光和銀河等都屬於地球大氣層中的現象。

這次的倒楣鬼是羅馬學院數學教授葛拉西（Orazio Grassi），他也觀察到這次的彗星來訪，並且出版一篇論文，有趣的是他主張彗星是介於太陽和月球之間。這可真是太神奇了，在耶穌會保守的教條之下，竟然有這麼大膽的言論。但是伽利略可沒時間稱許他的勇氣，反而和學生吉杜西（Mario guiducci）聯手痛擊葛拉西，先是出版《論彗星》抓著葛拉西論文中錯誤引用望遠鏡原理重踩一腳。接著集氣兩年再補上一記號稱辯論經典的上鉤拳《試金者》，悽慘的葛拉西還沒回過神要反擊時，伽利略已經準備要放大絕招了，此時羅馬教廷的討人鬼全都先走一步，教宗保祿五世和異端鐵鎚貝拉密接連去世，新教宗正式由樞機主教巴貝里尼接任，這位不就是伽利

略與鴿子聯盟辯論時的比薩校友。嘿嘿，林西學院立即將《試金者》換上新封面，加上巴貝里尼家族的族徽，立馬獻給新教宗做為祝賀之禮。所以伽利略與葛拉西的勝負結果可想而知，那麼在此宣布勝利者為伽……等等，可別著急，伽利略真的贏了嗎？他三番兩次與耶穌會作對，從太陽黑子到彗星，已經把原本友好的宗教朋友惹惱了，導致之後與教廷發生衝突時，耶穌會選擇袖手旁觀看好戲，只能說伽利略雖贏了面子，但也輸了裡子。

不知道伽利略是我罩的嗎？

◀ 巴貝里尼成為新教宗烏爾班八世（Pope Urban VIII）

新人新氣象

巴貝里尼於 1623 年成為教宗烏爾班八世，與其他教宗接任時已經顯露出垂垂老態不同，他只有「55」歲並且外表挺拔，騎馬進入教廷時簡直像位英氣不凡的將軍。而這種氣質也顯現出他之後為了維護天主教的完整，果敢發動多起討伐異教的戰爭。烏爾班八世上任後不斷提攜自己的家族，並且喜好在重要職位上安插文人或哲學家。當他收到《試金者》時，對於內容深深著迷，又再一次佩服伽利略的研究涵養，希望有機會能與他見面深談。不過伽利略此時又再次受到疾病折磨，並且托斯卡尼大公爵也已去世，需要等到年輕的繼任者穩定政局後，才有辦法前往羅馬。終於他在隔年成行，途中順道拜訪賽西侯爵，侯爵惋惜道伽利略因為受限於先前的禁令，而無法再出版有關天體運行系統的書籍，不過現在那些阻礙都已經紛紛不在，新教宗不但開明而且又是自己人，所以建議他可以準備撰寫新書，但是先決條件是利用這次機會請示教宗的看法，畢竟好運可沒有第二次。

烏爾班八世終於見到偶像伽利略，兩人有如許久不見的好友一般，不斷的交換彼此近況和未來發展。教宗認為伽利略身上所受的禁令，以及對於先前哥白尼《天體運行論》的修正感到荒謬，尤其部分國家還因為這種對強制招回書籍修正的粗劣方法，而不願意再信仰天主教。這讓新上任的教宗感到非常不安，但他也再次向伽利略說明，自己並不在意有任何的新學說出現，相反的他都持開放的態度支持天文研究，只要這些學說是為了科學家方便計算，以及基於「假設」的立場來闡述天體的現象，那麼在不違背聖經的內容之下，他都會大力贊成。同時烏爾班八世為了獎勵伽利略近來的成就，除了頒布一道獎牌給伽利略外，還同意替他的兒子文生羅安排一個終身職的閒差，並且給予終身年金。伽利略大為振奮，認為自己獲得教宗的背書與許可，但是他心想這本書絕對不可以草率的提倡哥白尼學說，這樣又會激起那些保守教士的反對。最好是地心說與日心說兩者並陳，並且視日心說為一種新的假說，最終結果留給讀者自己判斷就好。伽利略已經建構出框架，剩下的內容就要等到 6 年後才完成。

▶ 梵諦岡內最為神聖的建築物──聖彼得大教堂

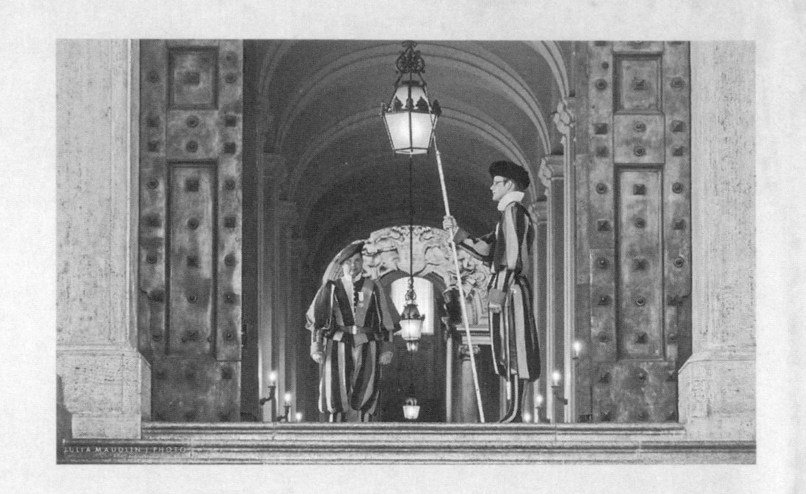

▶ 負責保護教宗安全的瑞士近衛隊

最終的審判日

招致惡運的《對話》

1629 年，伽利略終於完成先前答應賽西侯爵的天文著作，稱作：

《對話》

作者：伽利略·伽利萊　托斯卡尼大公爵首席哲學家暨數學家
敘述四天之間關於托勒密和哥白尼宇宙兩大體系的討論
平衡但未達結論程度的探討其哲學及物理原理

敘述方式則是透過三個哲學家的對話來展開：薩爾維亞蒂是作者伽利略的化身，負責闡述伽利略的思想；薩格雷多是虛擬人物，提供對談的場所，支持薩爾維亞蒂；辛普利西奧是位陳腐的亞里斯多德派學者。伽利略就透過這三人在這四天的對談中，逐步比較托勒密和哥白尼的學說。這書雖然已經完成，但是還是需要取得教廷的許可，才可以發行。於是為了慎重起見，他親自動身帶著書稿前往羅馬教廷，終於在 1631 年完成審查，隔年完成出版。《對話》立即造成轟動，所印製的書籍立刻銷售一空，連伽利略本人還一度沒辦法拿到自己的創作。然而事情可不是科學家所想像的這麼簡單，之前為了太陽黑子與伽利略結仇的耶穌會教士施納，發現這本書又再攻擊他的太陽黑子研究，因此他再也忍不住氣憤，不斷要求教廷查禁《對話》。接著最嚴重的事情發生了，竟然惹到最大尾的人——教宗烏爾班八世。此時烏爾班八世正為了羅馬內外紛亂而忙得焦頭爛額，對外他所掀起的宗教戰爭，讓羅馬負債連連；對內他因為戰爭失利和大肆提拔親信，而遭受各方派系攻擊，這些都讓他無暇仔細閱讀這本書。因此由一位顧問代為評論，評論的結果出爐，這本書大大的褻瀆教宗與聖經，這不讓人意外。因為此時羅馬的教廷裡充斥著伽利略先前所種下的敵人，同時各界批評接踵而來，全都指責伽利略把教宗當傻子。因為書中人物辛普利西奧的義大利文諧音是笨蛋，而不知道伽利略是故意還是不小心，把烏爾班八世的話，一字不漏透過辛普利西奧的口轉述，不知道是該佩服伽利略的膽量，還是對他的無知搖頭。

▶ 因新教與天主教的對立，卻讓無辜人民承擔宗教戰爭的殘酷。

怒不可遏的烏爾班八世立刻招開宗教法庭，首先全面查禁《對話》，接著命令伽利略立即向法庭報到。不過他這時身體非常不好，經不起長途跋涉到羅馬出庭，所以希望能夠有機會以修正等方式彌補不當的地方。「沒有理由」，不立刻逮捕已是烏爾班八世最大的讓步。托斯卡尼大公爵的家臣與大使都已經透過秘密的管道知道事情真的一發不可收拾，以「天要塌下來」形容這種慘境。伽利略也明白了，他寫好遺囑後，接受大公爵的安排前往羅馬接受審判，此時為 1633 年 1 月，伽利略已經是位 68 歲的白髮老人。正所謂屋漏偏逢連夜雨，伽利略在接受審詢時，教廷又找到一份足以讓他罪加一等的紀錄，也就是 1616 年貝拉密私下拜訪他並且警告不得再散布哥白尼的言論。平常總是讓人啞口無言的伽利略，這次也無法為自己反駁，因為這項紀錄證實伽利略並非初犯，而且當初承諾不會再犯，因此現在別無選擇，只得認罪。宗教法庭經過 2 個月共 4 次審訊後，確認伽利略嚴重涉及異端罪行並違反聖經，所著作的《對話》禁止流通與銷燬，在羅馬執行監禁不得返回，並且每週需背誦 7 篇悔罪詩篇，持續 3 年。

▲ 正接受宗教法庭審判的伽利略

不幸中的大幸

托斯卡尼大公爵與支持伽利略的樞機主教們仍然持續奔走，希望替他爭取最大的減罪空間。但烏爾班八世已明確的表示監禁無法減免，但是可以免除他在羅馬服刑，經過特殊的安排，最終落腳在西恩那，離原本的佛羅倫斯很近，這也算教宗給與他最大的恩惠。西恩那主教皮可羅米尼（Ascanio Piccolomini）本身就非常欣賞伽利略的理論，所以他來照顧是目前最好的處理方法。在這段期間，主教盡心照顧伽利略，並且給予最大的鼓勵，讓他能夠從傷痛中再度站起，重新整理以前在物體運動上的研究，開始又拿起筆埋頭寫作。不過有人知道他在西恩那過太爽，再度向教宗告密，因此被命令搬至原本在托斯卡尼的住所，但是嚴禁外人來訪與不得任意出門。伽利略的命運與懲罰就這樣底定了，他將在此地度過最後的日子。1637年伽利略終於出版最後一本著作《兩門新科學的對話》，這本書總結了他過去 40 多年的研究工作，包含對物體運動狀態的探討，引發牛頓研究三大運動定律的基礎。在兵工廠的實作經驗，引出建築、水力和軍事工程的心得，可視為一本工程師手冊，往後衍生出材料力學的概念。

伽利略已經是位 73 歲的老人，雙眼因為長期觀測太陽而喪失視力，身體不時為疾病所苦，教廷認為現在的他已不再具有威脅性，解除一切的限制，開始可以接見許多訪客，朋友們帶來許多令人欣慰的消息，像是《對話》雖然被禁，但是黑市價格飆漲，反而提高大家想看的慾望，並且也被翻譯成拉丁文和英文版本。《兩門新科學的對話》也同樣受人注目，教廷對內容沒有意見，可以順利印刷。然而他最想知道的是什麼時候才可以盡情討論哥白尼的學說與《對話》的內容呢？遺憾的是在 1642 年 1 月 8 日去世前都無法聽到這個消息。在教廷的壓力之下，托斯卡尼大公爵不能替伽利略舉辦一個莊嚴的葬禮，也不行在佛羅倫斯聖十字聖殿與他的家人葬在一起，最後只能在聖殿旁邊的小屋砌起墓地，靜靜的等待後人繼續為他的名譽奔走。

▶ 佛羅倫斯聖十字聖殿

伽利略的平反之日

1638 年伽利略住所來了一位年輕人，叫做維維亞尼（Vincenzio Viviani），他因為數學才能優異，所以接受托斯卡尼大公爵的安排，作為伽利略的助手並且照顧他的生活。維維亞尼除了繼承伽利略所有的知識，也成為他第一本傳記的作者，在伽利略死後，他試圖協助恩師得到應有的補償，並且重新搬遷陵墓。不過直到 1737 年在維維亞尼的後人與新教宗克列門 12 世的協助下，伽利略的墓地才遷入聖殿中。伽利略的所有著作直到 1853 年才正式從教廷的禁書目錄中移除，最後在 1992 年 10 月 31 日，教宗若望．保祿二世發表聲明，承認教會在伽利略的判決上有錯誤，伽利略終於在 300 多年後聽到遲來的平反。

▲ 維維亞尼時常與伽利略討論科學

▲ 伽利略現在位於佛羅倫斯聖十字聖殿的陵墓

Ser.mo Principe.

[Gali]leo Galilei Humiliss.o Servo della Ser.tà V.a

[invig]ilando assiduamente et con ogni spirito per potere non

[...]ere della lettura di Mathemat[ica]

[deter]minato di presentare al Se[r.mo]

[...]ere di giovamento inestim[abile]

[...]ittima o terrestre stima

[...] maggior segreto et solam[ente]

cavato dalle più recondite sp[eculazioni]

[vant]aggio di scoprire Legni et Ve[le]

di tempo prima che egli scuopra no[i]

la qualità de i Vasselli giudicare le

alla caccia al combattimento o alla fu[ga]

campagna aperta vedere et particolarm[ente] dist[inguere]

moto et preparamento.

Adi 7 di Gennaio

Giove si vedeva così: * * ✱ così: * *

Adi 8 così ✱ * * *

✱ * * * era dunque diretto et non retrogrado

Adi 12 si vedde in tale costituzione * ✱ *

Adi 13 si veddono vicinissime a Giove 4 stelle * ✱ * * *

[...] è nugolo

così:

chapter
3

祕辛報報

— Galileo Galilei —

天文學發展史

天文學可說是人類最為古老的一門科學之一，最初人類對天象的觀察是從白天的太陽東升西落，到夜晚的月亮陰晴圓缺，以及入夜後才出現的各種星星，有時還會看到莫名一閃而逝的彗星。這些天象都賦予人類許多想像，像是中國就對太陽有著后羿射日、月亮則由嫦娥奔月的神話，更不用說古希臘人在夜空中描述著許多星座的故事，雖然這些神話對於我們如同民俗故事一般，但這些故事都是古人用來解釋這些星象的文字紀錄。除了有趣的故事外，太陽與月亮也是東、西方做為制定曆法的根據，從此人類依據曆法調節生活作息，譬如農夫可以依照節氣決定撥種收割，在權者可以制定節日、舉辦慶典，隨後更衍生出占卜術，依據星象變化來判斷萬事吉凶。古代各國大多具有專門記錄與研究天文現象的官員與人士，他們除了定期記錄和向國王呈報天象的異動，也透過研究結果讓世人知道天體運行的道理。而這些天文紀錄進一步成為我們珍貴的遺產，因為科學家可以從這些資料，找出天文現象規律的法則，所以天文學史也是一門極為重要的學問，那麼古人又是怎麼看待我們所身處天與地呢？

宇宙來源與萬物組成

西元前

中國

漢朝《淮南子》一書說明宇宙誕生的開始，只存在著一種混沌不明的「氣」，稱為「道」或「太一」，然後氣開始分成陽氣與陰氣，陽氣比較輕就上升變成天；陰氣比較重就下沉變成地。陽氣比較熱，形成太陽；陰氣比較冷，形成月亮。而天體和氣候的變化，都源自陰陽二氣的運動。並且一切萬物都是陽與陰依照不同比例組合而成。

西方

西方此時的宇宙觀來自於古希臘學家亞里斯多德，他認為地球的一切萬物都是由四種元素所構成，從重至輕分別為：泥土、水、火與空氣。所有物質也是由這四種元素依照比例所構成，不過這四種元素層僅限於月球以下的世界，而月球以上的世界，包括太陽和其他星星，則是以一種永不腐朽、變化的以太所組成，而這些天體運行的動力來自於神的安排與旨意，它們經久不變，永恆不朽。

天與地的構造

西元前

中國 ▶ 蓋天說

最早從西周一直發展至西漢，最先古人認為天圓地方，天像是一個倒扣的碗；地則像是一塊方形的棋盤，然而天與地並沒有相接。之後又修正為地變成一個圓形的盤子，邊緣與天相接，北極星則位於天空的中央，所有星宿都繞著北極星轉動。

西方 ▶ 地心說

亞里斯多德很早就認為地球是圓形的，周圍依序圍繞著月亮、水星、金星、太陽、火星、木星與土星，而在土星之外則是其他恆星的位置。並且這些星球都是以同心圓的方式環繞著地球運轉。

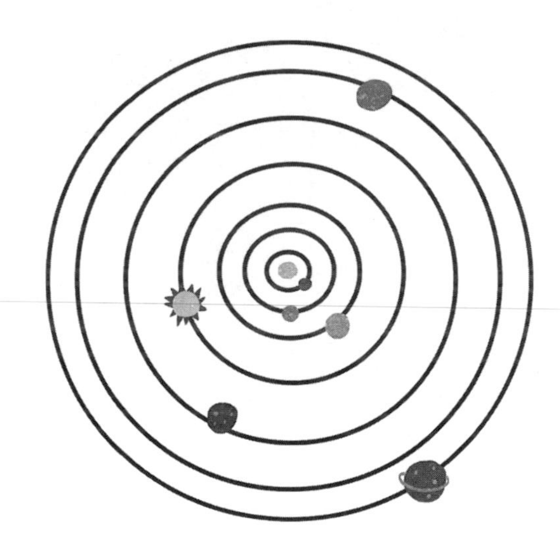

古希臘的哥白尼

雖然亞里斯多德的主張掌控此時天文學的發展方向，但還是有人提出截然不同的想法。阿里斯塔克斯是第一位提出太陽位於宇宙中心的科學家，所以也被稱為古希臘的哥白尼，不過由於當時人們認為身處的地表並沒有移動的現象，所以無法接受這樣的理論，並且阿里斯塔克斯也無法證明地球轉動的證據，所以一直受到忽視。

西元 1～2 世紀

中國 ▶ 渾天說

最早起源於戰國時期，由東漢科學家張衡發揚光大，認為天是一個圓球蛋殼，地就如同雞蛋中的蛋黃，懸浮於蛋白之中，不過他還是視地為一個平面，只有天才是一個立體球殼。

西方 ▶ 地心說

希臘天文學家托勒密承襲古希臘天文學說的基礎，發展出新的地心說，認為星球在繞著地球轉動的同時，也會依據自己的軌道繞行，因此改善原本同心圓地心說無法準確預測行星運轉的缺點，提出行星都會隨著本身的圓形軌道運轉，然後這些行星再圍繞著地球轉動。

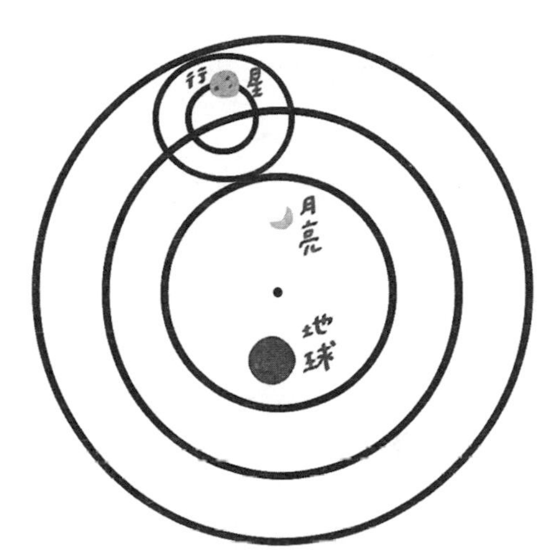

▲ 行星圍繞著地球運行，但是同時也會依照自已的軌道轉動。

古代中國天文學落後西方的可能原因

天文學可說是中國最為古老的一門科學，無論是太陽黑子和彗星等星象紀錄都領先西方好幾百年，那麼為什麼最後又被西方趕上呢？可能的原因是古代中國很早就是個大一統的國家，不像西方常常處於各國分裂的狀態，導致中國一旦改朝換代，曆法以及先前天文紀錄都會全盤否定與修改，因此常常發生全部重來的狀況。再者天文紀錄屬於皇室的工作，一般平民百姓嚴禁記錄與研究，由於星象也可作為占卜皇室興衰的依據，所以星象官為了保住自己的腦袋，竄改天文紀錄的事情也就不讓人意外，因此這些狀況都可能成為古代中國最後被西方趕上的關鍵。

西元 16 世紀

日心說

波蘭天文學家哥白尼因為托勒密的地心說太過複雜，充斥著各種圓形軌道，並且不具有一致性，時常為了觀測資料更新而修正，所以提出日心說，認為太陽位於宇宙中心，地球等行星皆繞著太陽轉動，而月球則是繞著地球轉動。

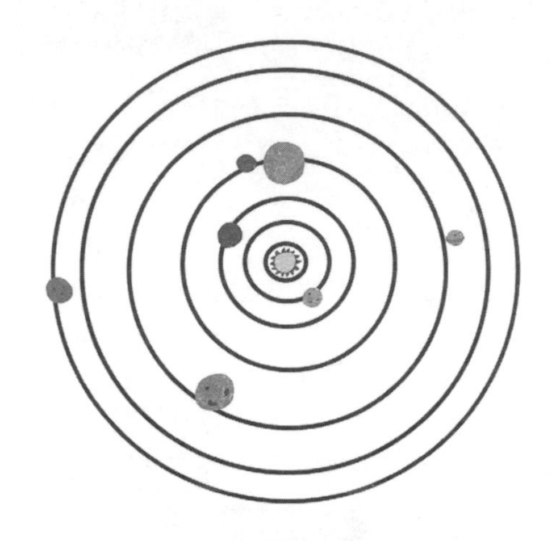

西元 17 世紀

日心說

日心說無法廣泛受到支持的原因，除了一部分來自於宗教，另外一部分是因為沒有舉出地球轉動的鐵證，直到伽利略利用自製的望遠鏡，發現金星盈虧以及太陽黑子變化等現象，證明地球確實繞著太陽轉動，並且克卜勒從天文觀測資料中，發現行星運行的軌道並非是正圓形，而是橢圓形，將日心說的系統修正至完美，可以穩合現有的觀測資料，至此奠定日心說的基礎，也就是我們現在所見到的太陽系雛形。

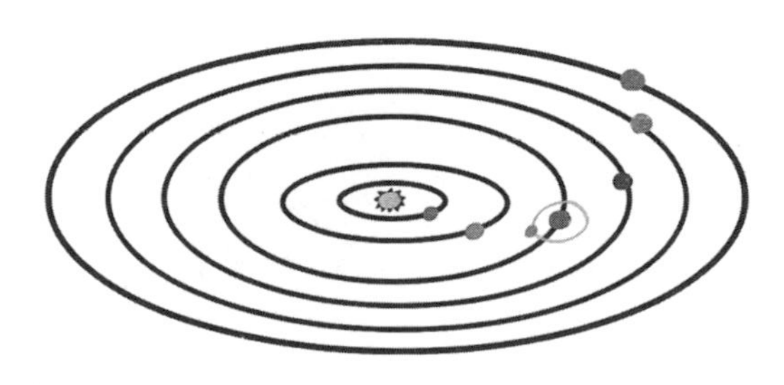

另一種改良版地心說

由於托勒密的地心說在預測天文現象時常常會有誤差，所以第谷根據自己的觀測記錄，提出地心說的改良版本，地球仍是位於中心，但是其他星球則是圍繞著太陽轉動，而太陽又圍繞的地球轉動。不過因為這個系統也並非完美，再加上此時日心說已經逐漸盛行，所以很快就被科學家遺棄。

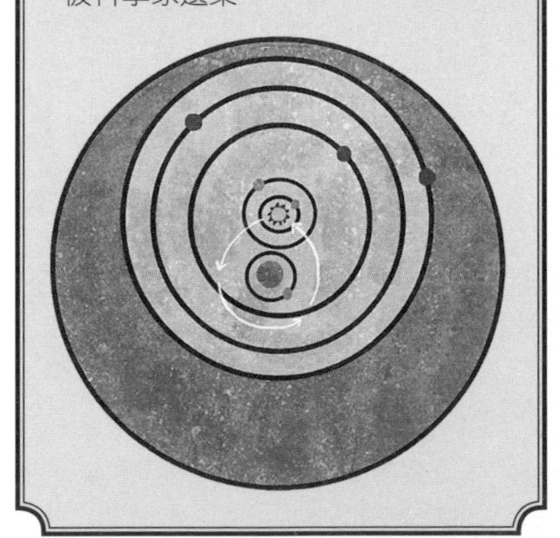

伽利略與克卜勒

義大利的伽利略與德國的克卜勒，兩人都是哥白尼《日心說》的擁護者，對於天文學的熱情無人能比，並且也都因為研究而受到宗教打壓，不過他們從未親自見面，所以只能透過彼此的著作認識對方。克卜勒非常敬重伽利略，不時對著作給予鼓勵與支持，甚至主動回信替他的研究背書，然而克卜勒就像是位單相思的少女，伽利略只會接受，不會付出，因為他不喜歡克卜勒研究天文的方式，所以他從頭到尾都不曾對於克卜勒的研究表示任何意見，讓我們比較看看兩人的歷程，是否能找出兩人沒緣分的原因。

出生環境

伽利略

醒醒吧，跟我說一遍，我要當醫生！我要賺大錢！

父親是位音樂家，深知音樂這條路無法填飽肚子，所以極力栽培伽利略成為醫生，賺大錢改善家裡環境。

克卜勒

3天2夜原價1萬，現在特價7千5，下殺75折，現省2千5，不買可惜！

父親是位雇傭兵，四處征戰，所以從小由母親扶養長大，童年都在外祖父所經營的旅館度過，並且他小時候就展現出卓越的數學天分。

興趣的萌發

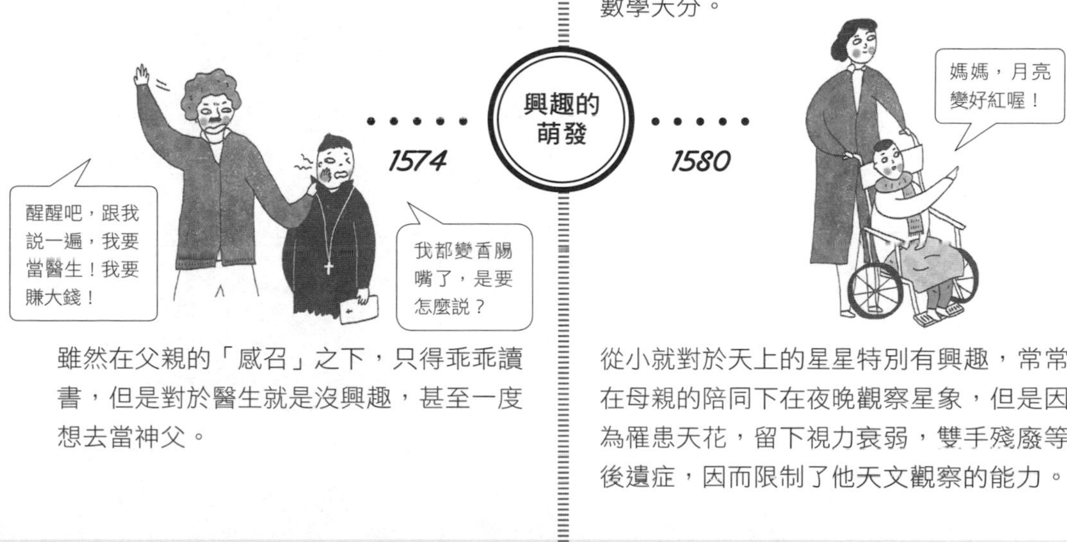

1574
醒醒吧，跟我說一遍，我要當醫生！我要賺大錢！
我都變香腸嘴了，是要怎麼說？
1580
媽媽，月亮變好紅喔！

伽利略：雖然在父親的「感召」之下，只得乖乖讀書，但是對於醫生就是沒興趣，甚至一度想去當神父。

克卜勒：從小就對於天上的星星特別有興趣，常常在母親的陪同下在夜晚觀察星象，但是因為罹患天花，留下視力衰弱，雙手殘廢等後遺症，因而限制了他天文觀察的能力。

就學時期

1585

在父親的安排之下，乖乖進入比薩大學學習醫學課程，但是在數學老師里奇的指導下，反而對數學產生極大的興趣，並且開始研究鐘擺運動，最後只學習完部分課程後，就離開大學沒有取得學位。

1589

進入了圖賓根大學就讀，學習神學、哲學、以及托勒密與哥白尼兩人的學説，並且認為哥白尼的日心説才是王道。在學校也專研占星術，常常替同學算命，並以神準著名。

研究時期

1589

受到貴人蒙特相助，進入比薩大學擔任數學教授，教學時無法認同亞里斯多德在物理學的理論，並且開始研究物體的落體運動。然而伽利略孤僻、高傲的個性，卻與他的同事格格不入。

1594

進入了格拉茨大學擔任數學與天文學教授，開始研究哥白尼的著作《天體運行論》，希望能用柏拉圖的幾何模型來解釋太陽與行星位置的關係。

第一次交集

1597　　1597

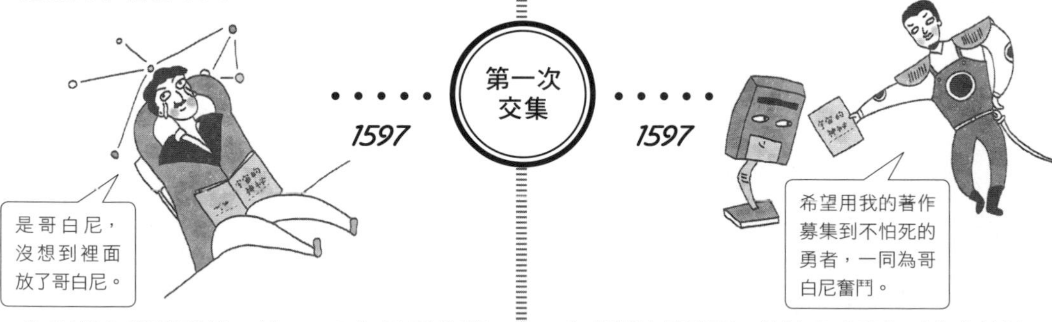

從比薩大學離開後，於 1592 年又受推薦進入帕度瓦大學，剛好讀到克卜勒的《宇宙的神秘》，高興的他終於了解有相同見解的科學家，所以放膽進行天文學的研究。

在老師的協助下，終於完成著作《宇宙的神秘》，正式利用這項研究成果晉身成為知名的天文學家，隨後將這本著作交給友人，希望這些書能夠轉交給志同道合的科學家。

研究生涯的轉捩點

1592

來喲！
望遠鏡一支一百，買三送一，看不到嫦娥臉上的月球表面不用錢。

在帕度瓦大學時期，除了研究天文學和物理學外，他兼差經營學生宿舍、專研儀器製作與開設工廠，製作出新式軍用羅盤與望遠鏡。

1601

我終於可以好好欣賞這片星空了。

因為著作《宇宙的神秘》受到丹麥科學家第谷欣賞，邀請他擔任自己的助手，協助天文台的觀測工作，並且在第谷死後接任皇家數學家的工作。

研究成就

星星，你好美啊，可以再讓我看一下好嗎？

利用自製的望遠鏡發現月球表面具有坑洞、木星具有四顆衛星以及太陽黑子等天文現象，並且出版《星際信使》與《對話》等著作，以實際證據證明哥白尼的日心說。

伽利略真是可惜，只會呆呆的磨鏡片，卻不知道其中的光學原理。

繼承第谷龐大的天文觀測資料，再結合自己的數學能力與哥白尼的日心說，以克卜勒三大定律建立出完整的天體運行物理模式。並且針對望遠鏡進行光學研究，提出改進放大倍率的方法。

宗教迫害

1633

爸爸，我知道錯了，我想當醫生！

爸！我錯了…

放我出去…

因為《對話》的內容被羅馬教廷認定明確違反聖經與地心說內容，被命令前往羅馬接受宗教教庭審判，結果除了查禁所有著作，還判處監禁與背誦悔過詩。

1626

宗教戰爭所引發的紛亂延燒至克卜勒身上，天主教反改革派查禁他所有的著作，並且想要捉拿定罪。克卜勒連夜打包行李，帶著妻兒逃往鄉下，躲避災禍。

晚年生活

1642

怎麼我的墓不見了？

Galileo

晚年病痛纏身，又因為長期的觀測太陽，而導致雙眼失明。雖然教宗免除監禁，但還是阻止他接見訪客，只能孤獨的從事寫作，然而因為到死前都無法恢復名聲，所以只能低調的入葬。

1630

可惡的伽利略倒底要不要幫我的研究背書!?

幸運逃過宗教戰爭後，重新擔任華倫斯坦將軍的科學顧問，閒暇時畫畫星象圖或是算算占星術，最後幾年到處旅行。

伽利略的征戰旅程

「主動出擊、不畏權威」可說是伽利略一生的寫照，他為了自己的前程與研究，在義大利四處征戰，要是當時有飛機出現的話，說不定還可以看到伽利略出國比賽，拿冠軍、得金牌。雖然各項戰役幾乎戰無不勝，但是卻在最後以及最重要的一場戰事過於輕敵，讓所有的努力白費，甚至落為階下囚。伽利略在這旅程終點時雖然無法打敗最後的大魔王，但是我們還可以從中學習他是如何豐富技能、結交盟友與取得最終武器。

冒險的篇章就這麼掀開一頁

受到雙面魔王亞里斯多德 - 托勒密的統治之下，不知覺的平民乖順的遵循地心說法典，可惜前代勇者哥白尼因為思想太過先進，所以未能喚起民眾意識，在尚未掀起革命就先殞落，身後只留下日心說的祕寶，而新一代勇者繼承這顆祕寶開始展開新的冒險故事……

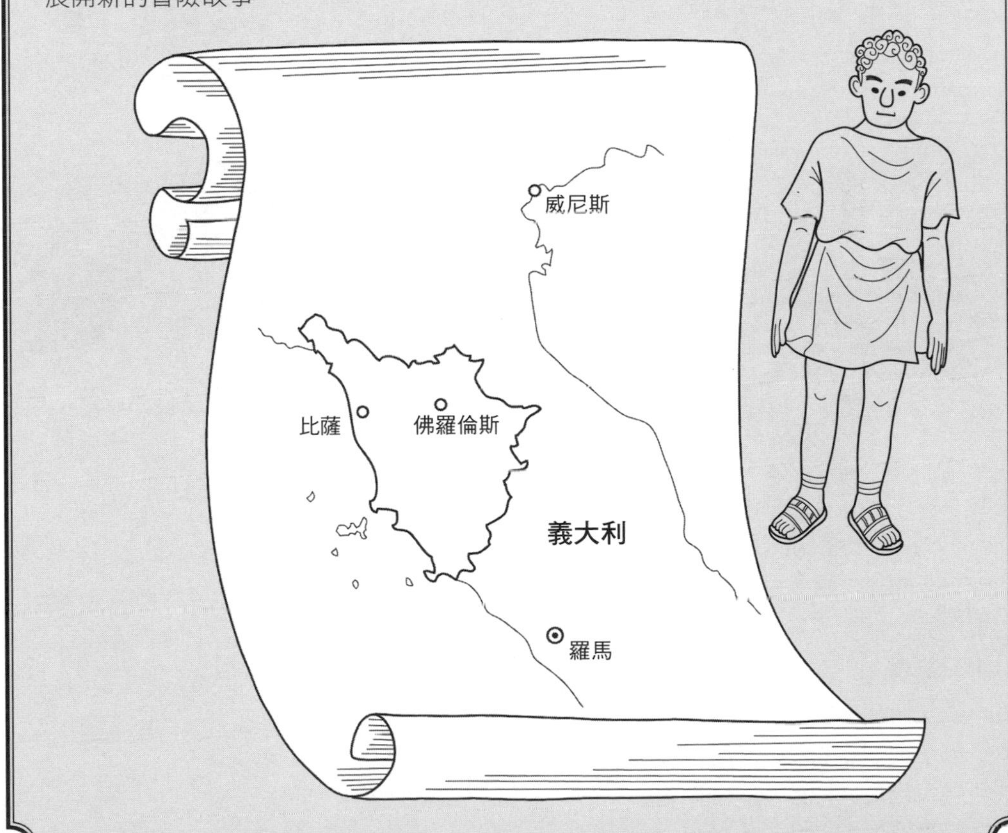

1564～1589 年
新米勇者伽利略訓練中

冒險地：比薩小鎮
狀態：lv01 HP 50/50 MP 10/10
天賦：反叛思想 / 實驗精神
習得技能：數學 / 測量 / 透視法
武器：比重秤
完成任務：比薩大學數學教授 / 鐘擺運動
冒險日誌：
我體內留著父親反叛的血液，受到數學法師里奇傳授數學，測量與藝術透視法的技能，身上突然湧起一股力量，並且從村民巴洛的口中探聽到「不論最終的結果為何，我們所有在理論上的各種爭辯，都需要靠著『實驗』來解決」，這個消息讓我決定之後的道路，我要朝著冒險之路邁進。

1592～1609 年
勇者伽利略轉職中

冒險地：威尼斯堡壘
狀態：lv 20 HP 250/250 MP 100/100
天賦：反叛思想 / 實驗精神 / 虛心求教
習得技能：數學 / 測量 / 透視法 / 工藝技術
武器：新式軍用羅盤 /8x 間諜鏡
完成任務：帕度瓦大學數學教授 / 威尼斯委託案 / 開立儀器工廠 / 招募跟隨者 / 落體運動
冒險日誌：
我接下威尼斯兵工廠的委託案，並且拜工廠技術人員為導師，這些人在解決問題上根本不亞於科學法師，太讓我驚訝了。我得趕快趁機拓展並升級自己的儀器工廠，並且從現在的理論勇者轉生成應用勇者。新能力太棒了，不但可以解決掉落體運動等物理任務，還可以改進荷蘭國的間諜鏡。

1610 年
勇者伽利略升級成
「星星大公爵首席哲學家暨數學家」

冒險地：佛羅倫斯皇宮
狀態：lv 60 HP 700/700 MP 400/400
天賦：反叛思想 / 實驗精神 / 虛心求教 / 嘴砲
習得技能：數學 / 測量 / 透視法 / 工藝技術 / 天文學
武器：20x 間諜鏡 /《星際信使》
完成任務：木星衛星 / 金星盈虧 / 太陽黑子
冒險日誌：
我在睡夢中受到遠方神祕人克卜勒呼喚「反抗地心說的時刻已經到來」，自己已不再是孤單一人，雖然成功完成各項天文學的任務，可是我還是要先找尋更多的戰友以集中反抗力量。20x 間諜鏡已經鍛造完成，已經可以大量販售，這不但可以增加資金，也可以讓愈多人透過間諜鏡破解魔王的幻象。

1611 年

勇者伽利略展開第一次征戰，並成為望遠鏡聯盟盟主

冒險地：神祕羅馬大教廷

狀態：lv 75 HP 800/850 MP 500/600

天賦：反叛思想 / 實驗精神 / 嘴砲 / 嘲諷

習得技能：數學 / 測量 / 透視法 / 工藝技術 / 天文學

弱點：嘲弄 / 驕傲

武器：20x 望遠鏡 /《星際信使》

完成任務：林西學院會員 / 情報交換 / 擊敗鴿子聯盟

冒險日誌：

這趟旅途雖然意外的沒有開戰，不過可以與教宗見面，還趁機與耶穌會教士交換情報，他們沒有想像中的那麼壞。而且我已經接受賽西侯爵的邀請，加入林西學院勢力，成立望遠鏡聯盟，侯爵除了將我的間諜鏡進一步升級成望遠鏡，還答應我會負責印製革命著作。在佛羅倫斯的辯論會上大敗鴿子聯盟，真是令我太開心了，沒想到敵人都這麼廢，而且羅馬教廷好像也不強，我應該可以開始拿出日心說祕寶，招喚反抗力量。

1616 年

勇者伽利略展開第二次征戰

冒險地：神祕羅馬大教廷

狀態：lv 85 HP 300/900 MP 50/750

天賦：反叛思想 / 實驗精神 / 嘴砲 / 嘲諷

習得技能：數學 / 測量 / 透視法 / 工藝技術 / 天文學

弱點：嘲弄 / 驕傲 / 大頭症 / 豬一般的隊友

武器：20x 望遠鏡 /《星際信使》

完成任務：無

冒險經歷：

耶穌會教士算什麼東西，他們的力量都只是依靠我手上的望遠鏡，早知道就應該不要公開販賣，沒關係，我一到羅馬教廷就讓他們知道我的厲害。

可惡，卡斯特利這個豬一般的隊友，還有妖教士卡西尼竟然挖了一個大洞給我跳，我竟然在羅馬遇到鐵鎚貝拉密與魔王教宗，還好幸運逃脫，不過日心說祕寶已經被封印住，我實在太輕敵了。

1624 年
勇者伽利略展開第三次征戰

冒險地：神祕羅馬大教廷
狀態：lv 99 HP 999/999
MP 999/999
天賦：反叛思想 / 實驗精神 / 嘴砲 / 嘲諷
習得技能：數學 / 測量 / 透視法 / 工藝技術 / 天文學
弱點：嘲弄 / 驕傲 / 大頭症 / 豬一般的隊友 / 輕敵
武器：20x 望遠鏡 /《對話》
完成任務：？？？
冒險經歷：
哈哈哈，沒想到鐵鎚貝拉密與魔王教宗已經死了，沒想到新教宗是我的好友，我們聊了很多，他也能了解我的想法，不再阻止我們前進。兄弟們，反抗路上的大石頭已經移開了，我已經拿到最終武器《對話》了，往教廷的大門衝鋒吧！

1633 年
勇者伽利略慘敗 GG 了

狀態：lv 99 HP 1/999
MP 0/999
天賦：反叛思想 / 實驗精神 / 嘴砲 / 嘲諷
習得技能：數學 / 測量 / 透視法 / 工藝技術 / 天文學
弱點：嘲弄 / 驕傲 / 大頭症 / 豬一般的隊友 / 輕敵
武器：20x 望遠鏡 /《兩門新科學的對話》
完成任務：失敗
冒險經歷：
輸了，徹徹底底的輸了，沒想到我的朋友竟然是雙面大魔王，不但武器《對話》被封印，日心說祕寶也被摧毀，手上的望遠鏡還能有什麼用呢？或許我太驕傲和樂觀了，現在的處境比前輩哥白尼更慘。還好有維維亞尼這個年輕人在，我已經將畢生的經驗值和技能傳授給他，並且讓他幫我保管新一代的武器《兩門新科學的對話》，我已經老了，揮不動了，只能希望下一代勇者來接手吧。

伽利略及其同時代的人

哥白尼

Nicolaus Copernicus

1473 年 2 月 19 日 – 1543 年 5 月 24 日

波蘭天文學家，也是一名醫生與神父，他終身未婚也沒有留下子嗣，一生當中就在觀測天文、行醫以及教會工作中度過。哥白尼從小父親就去世，所以是由舅父領養長大，並且成年之後也跟接受舅父的安排求學並且一起工作。大學時進入克拉科夫大學就讀，這所大學以數學和天文學的課程享有盛名，或許這讓哥白尼很早就接觸到這兩門學科，並且受到很好的科學訓練，此時他已經對於天文學很有興趣，並且研究亞里斯多德和托勒密對於天體運行的假說，然而對於這兩者的說法並不滿意，因此開始萌芽出日心說的概念。不過他沒有取得學位就改至義大利的帕度瓦大學學習醫學，同時也持續的觀測天象並且收集天文學相關書籍，畢業後回到波蘭開始擔任舅父的秘書與開始行醫，並且逐步建立出口心說的基礎與建立自己的天文台，不斷收集星象資料。然而哥白尼並未對就他的學說大肆曝光，或許常常接觸到教會人士，所以認為自己的想法可能會危害性命，直到要去世前，才允許友人出版他的著作《天體運行論》，據說他是摸著出版後的書本，才安心離開人世，有趣的是這本著作並未引起任何風波，這是因為剛開始很少人知道這本書，直到愈來愈多科學家利用這本書推廣日心說時，教廷才認真反對當中的內容，不過這已經是哥白尼去世之後的事了。

02

威廉・吉爾伯特

William Gilbert

1544 年 5 月 24 日 – 1603 年 12 月 10 日

英國科學家，也是英國伊莉莎白女王的御醫，對於電學與磁學具有絕大的貢獻，也是第一位將磁學變成現代科學的關鍵人物。吉爾伯特起先在劍橋大學取得醫學博士學位，然後開始研究化學，之後再對磁學與電學產生興趣，不過後來的研究都比較專注於磁學上。先前科學家對於磁鐵的認識僅於磁鐵上具有 N 極與 S 極，若是同性則會相斥、異性則會相吸。然而吉爾伯特卻製作出一顆球形的磁石，然後發現指南針會出現偏轉，進而引發他認為地球也是一塊大磁球，並且認為指南針的磁北極是指向地球北方。更有趣的是吉爾伯特進一步將地球的磁力延伸至天空與宇宙合為一體，所以認為地球與物體相吸，以及行星與行星相吸的力，就是磁力的一種，不過後來牛頓才將這種力量更正為重力。吉爾伯特是實驗科學研究的創始者之一，其研究結合理論與實驗，不過當他以實驗歸納出理論時，卻又沒有進一步做實驗來驗證，所以難免會出現部分結果無法推廣至其他現象，不管如何，他對於磁學的貢獻，其著作《論磁石》是第一部針對磁學的系統性研究，被伽利略稱為「偉大到令人妒忌的程度」，並且我們為了紀念他的貢獻，將磁動勢的單位以他的名字命名為吉伯（gilbert）。

03

第谷・布拉赫

Tycho Brahe

1546 年 12 月 14 日 – 1601 年 10 月 24 日

丹麥天文學家，利用所成立的天文台累積大量的觀測資料，並且提供許多科學家作為研究場所，助手克卜勒更是妥善利用這些資料，發展出行星軌道運動的定律。第谷生於貴族家庭，父親在丹麥法庭上是位舉足輕重的人物，因此第谷在 1559 年進入大學時也以修讀法律課程為目標，但同時也對於天文學有興趣，在其他人的幫助之下閱讀許多天文書籍。大學畢業後，雖然父親希望他從事法律工作，但是他跟隨著叔叔一同建立天文台，並且開始觀測星象。1572 年時第谷觀察到一顆明亮的星星突然在仙后座附近出現，並且又在 1577 年看到一顆彗星出現在丹麥上空，他根據視差的判斷認為這些現象都遠在月球之外，因此認為亞里斯多德在天體恆久不變的主張有誤，並且這些觀測結果都讓他持續朝向天文研究邁進。丹麥國王非常賞賜這位科學家，所以替他建立許多最先進的天文台，這時也吸引克卜勒前來擔任助手，不過他與克卜勒對於天體的主張不同，第谷傾向地心說；克卜勒則是選擇日心說，往後克卜勒一直都無法說服第谷轉向日心說的懷抱，雖然如此，第谷去世後還是將所有的觀測資料留給克卜勒，因此克卜勒才有辦法從中找出行星運行的物理模式。

約翰尼斯・克卜勒

Johannes Kepler

1571 年 12 月 27 日－ 1630 年 11 月 15 日

德國科學家，以克卜勒三大定律建構出天體運行的物理系統，其對於行星軌道為橢圓形的想法更被視為當中的關鍵，之後更被牛頓以微積分等數學方法進一步推導證明。克卜勒從小由母親扶養長大，父親因為擔任雇傭兵的關係，所以兩人從來沒有見過面。他自小就展現出不凡的數學天分，並且喜好觀察星象，曾在就讀小學的年紀就看過彗星和月食，然而因為罹患天花，所以留下雙眼視力衰弱、雙手殘廢等後遺症。克卜勒不因此喪志，反而進入圖賓根大學就讀，在學習期間支持哥白尼的日心說，此外也對於占星術很有一套，經常能神準的預知事物。他在 1596 年發表著作《宇宙的神祕》幫哥白尼的日心說奠定基礎，也讓自己成為知名的天文學者，隨後因為這本書受到第谷的欣賞，邀請擔任第谷的天文台助手，協助分析行星的觀測資料。在第谷死後，克卜勒繼任他的皇家數學家職位與天文台，除了持續觀測天象，也利用這些珍貴的資料發展出克卜勒三大定律。他除了天文研究外，對於光學也有卓越的貢獻，像是研究平面鏡與曲面鏡的反射、針孔相機原理等，並且還研究光線進入人眼的過程，正因如此，他分析伽利略望遠鏡的光學結構，以兩片凸透鏡取代原本的兩片凹、凸透鏡，得到更大的放大倍率，雖然無法像伽利略一樣有雙靈巧的手，但是他卻可以利用光學研究進一步改良望遠鏡。

05

溫琴佐．維維亞尼

Vincenzo Viviani

1622 年 4 月 5 日－ 1703 年 9 月 22 日

義大利科學家，是伽利略最後一個助手與學生，也是第一個替伽利略撰寫傳記的人，在當時伽利略尚未平復名譽的時刻，還勇於推崇他的成就，可說是伽利略的最佳代言人。維維亞尼出生於一個貴族家庭，因為天資聰穎，才 16 歲就被推薦進入托斯卡尼大公爵宮廷服務，並且隔兩年接受大公爵指派前往伽利略住所擔任助手，以及照顧他的健康。這時伽利略已經 75 歲、雙眼失明，極需一位助手協助抄寫他畢生的研究心得與著作，維維亞尼非常勝任這份工作，可說是最後一位嫡傳弟子，伽利略對他的天賦極為讚賞，兩人還就最後一本著作《兩門新科學的對話》的內容交換意見。雖然伽利略不久後便去世，但是維維亞尼繼承了他所有的學識，成為第二代伽利略，除了擔任大公爵的首席科學家，也開始進行整理與復原古代的數學著作，並且也有新的數學發展，他甚至還指導過牛頓的大學老師巴洛，以及德國數學家萊布尼茲。維維亞尼另外一項最偉大的成就，就是整理伽利略的口述歷史並且撰寫傳記，成功保留伽利略在當代的紀錄，避免被教廷銷毀。此外，他也竭盡心力替老師恢復名譽，雖然在這項心願在死後都無法達成，但是後人終於完成維維亞尼的心願，替伽利略重新遷葬並成功追回應有的榮耀。

...dio di Padova,

...riere d'havere determinato di presentare al Ser.mo Princ...
...l'Occhiale et di poter essere di giovamento inestimabile p...
...negozio et impresa marittima o terrestre stimo di tener...
...nuovo artifizio nel maggior segreto et solamente a disposiz...
...L'Occhiale cavato dalle più recondite speculazion...
...prospettiva ha il vantaggio di scoprire Legni et Vele dell'in...
...due hore et più di tempo prima che egli scuopra noi et distin...
...numero et la qualità dei Vasselli giudicare le sue forz...
...allestirsi alla caccia al combattimento o alla fuga, o pur...
...nella campagna aperta vedere et particolarmente distinguere og...
...moto et preparamento.

Adi 7. di Gennaio
Giove si vedeva col ... * ⊛ * così
10. 11.
Adi 8 così ⊛ * * *
⊛ * * * era dunque diretto et non retrogrado così
Adi 12. si vedde in tale costituzione * ⊛ *
...13 si veddero vicinissimi à Giove 4 stelle * ⊛ * * * o meglio
...14 è nugolo * ⊛
...15 ⊛ * * * * così la prossima à Giove era la minore la 4a era
...ante dalla 3a il doppio incirca.
...spatio delle 3 occidentali non era
...ggiore del diametro di Giove et era...
...no in linea retta.

⊛ * * * *
⊛ * * *
⊛ * * * *

Long. 71.38 Lat. 1...

伽利略生平年表

年	事蹟
1564	出生於義大利比薩。
1581	進入比薩大學就讀，並且開始研究鐘擺運動。
1585	離開比薩大學，並且開始研究溫度計的原理以及比重秤。
1589	進入比薩大學擔任數學教授，並且開始研究落體運動。
1592	進入帕度瓦大學擔任數學教授。
1598	開始研發一種新式軍事羅盤。
1599	與瑪麗娜同居，之後生下兩女一男。
1605	擔任托斯卡尼皇室王子科西摩的暑期教師。
1609	製作出高品質的望遠鏡，並且開始觀察月球表面。
1610	發現木星具有四顆衛星，出版《星際信使》，並成為托斯卡尼大公爵的首席哲學家暨數學家。
1611	前往羅馬教廷，之後接受賽西侯爵邀請，成為林西學院會員。同年發現太陽黑子的現象，但是與耶穌會教士施納就太陽黑子的成因發生爭論。
1616	羅馬教廷透過樞機主教貝拉密，警告伽利略不得再散布哥白尼等異端學說。

年	事蹟
1619	協助學生吉杜西發表《論彗星》，與耶穌會教士葛拉西相互爭論，隨後發表《試金者》攻擊葛拉西。
1624	前往羅馬晉見新教宗烏爾班八世。
1632	出版《對話》。
1633	前往羅馬接受宗教法庭審判，《對話》被查禁，伽利略被判監禁。
1638	出版《兩種新科學的對話》。
1642	逝世，葬於佛羅倫斯聖十字聖殿旁。

相關著作

- **1586年：**《小天平》（The Little Balance）。
- **1590年：**《運動論》（On Motion）。
- **1600年：**《力學》（Mechanics）。
- **1606年：**《地理軍事兩用圓規使用指南》（The Little Balance）。
- **1606年：**《星際信使》（The Starry Messenger）。
- **1612年：**《流體力學》（Discourse on Floating Bodies）。
- **1613年：**《論太陽黑子》（Letters on Sunspots）。
- **1616年：**《論潮汐》（Discourse on the Tides）。
- **1619年：**《論彗星》（Discourse on the Comets）。
- **1623年：**《試金者》（The Assayer）。
- **1623年：**《關於托勒密和哥白尼兩大世界體系的對　話》（Dialogue Concerning the Two Chief World Systems）。
- **1636年：**《致大侯爵夫人克里斯蒂娜》（Letter to the Grand Duchess Christina）。
- **1638年：**《論兩種新科學及其數學演化》（Discourses and Mathematical Demonstrations Relating to Two New Sciences）。

參考書目

1. 伽利略.《星際信使一伽利略開創宇宙新章》. 天下文化. 2004. ISBN 9864173219
2. 韓梅爾.《自伽利略之後－聖經與科學之糾葛》. 校園書房. 2002. ISBN 9575877497
3. 戴瓦・梭貝爾.《伽利略的女兒》. 時報. 2000. ISBN 9571332127
4. 伽利略.《關於兩門新科學的對話》. 大塊文化. 2005. ISBN 9867291018
5. 史蒂文・謝平.《科學革命：一段不存在的歷史》. 左岸文化. 2010. ISBN 9789866723421